Archiv
für das
Studium deutscher Kolonialsprachen.

Herausgegeben

von dem

Direktor des Seminars für Orientalische Sprachen

Prof. Dr. EDUARD SACHAU,

Geh. Regierungsrath.

Band II.

Commissionsverlag von Georg Reimer.

Berlin 1904.

Archiv für das Studium deutscher Kolonialsprachen.

Band II.

Chamorro-Wörterbuch.

In zwei Theilen:

Deutsch-Chamorro
und
Chamorro-Deutsch.

Auf der Insel Saipan, Marianen, gesammelt
von

GEORG FRITZ,

Kaiserl. Bezirksamtmann auf Saipan.

Commissionsverlag von Georg Reimer.

Berlin 1904.

Vorwort.

Das Chamorro-Wörterbuch, das in diesem zweiten Bande des Archivs veröffentlicht wird, schliesst sich als ein zweiter Beitrag desselben Verfassers, Herrn Bezirkshauptmanns G. Fritz, zum Studium dieser in Deutschland bisher gänzlich unbekannten Sprache der Marianen an seine Chamorro-Grammatik, die im vorigen Jahre in den Mittheilungen des Seminars für Orientalische Sprachen unter den Ostasiatischen Studien erschienen ist, an. Für die Überwachung des Druckes hat Herr Dr. Nikolaus Finck, Privatdocent für allgemeine Sprachwissenschaft an der Universität zu Berlin, mich zu Dank verpflichtet.

Berlin, den 9. Juli 1904.

Der Direktor Prof. Dr. EDUARD SACHAU
Geh. Regierungsrath.

Deutsch-Chamorro.

Deutsch.	Chamorro.	Bemerkungen; insbesondere Ableitungen. Die spanischen Ableitungen sind eingeklammert.
A.		
Aal	*hăsū́lĕ*	
Aas	*lắmo(g) nă ká(t)ne*	stinkendes Fleisch (*carne*)
	mū́tong nă gắ'gă'	verfaultes Thier
Abend von 6—8 Uhr	*pŭpuéngingĕ*	
Abends	*gi pŭpuéngingĕ*	
aber	*lau*	
abfahren	*hā́nau*	
	hŭmā́nau	Refl. v. *hā́nau*
	mắpos	nur in 3. Pers. Sing. u. Plur., z. B. *mápos i bátko*: das Schiff ist abgefahren
abfärben	*tinī́mo*	(vgl. *tū́mo*: färben, z. B. *i magágo tinī́mo*: der Stoff färbt ab)
Abhang	*kánti(d)*	(*cantil*)
	kaniā́dă	(*cañada*)
ablehnen (ein Gesuch)	*tchắtau*	*tchat-* als Vorsilbe: schlecht, wenig, nicht
Ablehnung	*tchivā́tan*	Durch Vorsetzung von *in-*, wenn das Verb. oder Adj. mit einem Vocal, bez., wenn es mit einem Consonanten beginnt, durch Einschiebung von *-in-* zwischen diesen und den folgenden Vocal, wird das Subst. gebildet.
ablösen (in der Arbeit)	*tắgui*	
Abreise	*hinā́nau*	vgl. *hā́nau*: abreisen
	hinī́jung	vgl. *hī́jung*: draussen
abreisen	*hā́nau*	
	humā́nau	

abschaffen	*natáibălĕ*	*na-* als Vorsilbe: machen; *tai*: nicht; *bā́le*: gelten (*valer*)
abschlagen	*rehū́să*	(*rehusar*)
	tchā́tau	
abschliessen (Thür)	*hútchum* (*i petta*)	
(Vertrag)	*takontrā́ta*	*ta-* machen (*contrata*)
abschneiden	*lā́bon*	
	ū́to(*t*)	
abschreiben	*kṓpiă*	(*copiar*)
absenden	*nahā́nau*	*na*: machen; *hanau*: fortgehen (Brief, Boten)
Absicht	*hinasū́je*	vgl. *hasū́je*
absondern	*sēpară*	(*separar*)
	nă'sánge	
	nă'sásange	
absteigen (vom Wagen)	*tū́no*(*g*) (*gi karéta*)	
	tumū́no(*g*)	
abwesend	*táiguĕ*, *taige*	*tai*: nicht; *guine*: hier
Abwesenheit	*tináiguĕ*	
acht	*guā́lo*(*g*)	
der achte	*guá*(*t*)*gŭjāi*	
achtzig	*guā́lo*(*g*) *ngā maó*(*t*)*not*	
achtzehn	*fina guā́lo*(*g*)	
Acht geben	*atitū́je*	(*atento*)
	adā́hē	
achten	*goflā́men*	
	respḗta	(*respetar*)
Achtung	*giniflā́men*	
Achtung!	*adā́hē*	
Ackerbau	*tchétcho-guā́lō*	*i tchetcho*: Arbeit; *guā́lo*: Feld
Ader	*gū́ga*(*t*), *i gī́ga*(*t*)	Bei Vorsetzung des Artikels verwandelt sich das *u* der ersten Silbe im Allgemeinen in *i*.
Ader lassen	*namahā́gă*	*mahā́gă*: bluten
ähnlich	*kăuăpărḗhō*	(v. *parejo*)
alle	*todos*	(*todos*)
allein (nur)	*máisă*	z. B. *guáho na máisa*: ich allein
(aber)	*láu*	
allerlei	*guinăhă*	vgl. *guáha*: vorhanden
als (zeitlich)	*nái*, *ánai*	= während
(vergld.)	*kā́lang*	*este dankulónia kalang hágo*: dieser ist grösser als du
alsdann	*despues*	*fenḗna tchṓgue, despues na ontcho'tcho'*: erst arbeite, dann iss
	énau, mḗna, ā́jo mḗna	(alt)

also	*să, já, ăjona* *nái*	*juos atotaje sake, să (nai) tchamo sumásake*: Gott verbietet zu stehlen, also stiehlt nicht
	pot-ĕnau	(*por*) *ĕnau*: wegen dem
alt	*bĭhō*	
	ámkō	
Altar	*ata(d)*	(*altar*)
Alter (allg.)	*sákan*	*sákan* = Jahr; *kuánto sákan-ho*: wie alt bin ich; *kuánto sákan-mō*: wie alt bist du; *kuánto sokán-gui*: wie alt ist er; *kuánto sákan-hit*: wie alt sind wir; *kuánto sákan-hămio*: wie alt seid ihr; *kuánto sákan-siha*: wie alt sind sie?
(Greisen-)	*inámko* *biního*	
Ameise	*ód-dot*	
Amt	*pĕkă*	
anbeten	*ădōră*	(*adorar*)
anbieten	*ofrĕse*	(*ofrecer*)
anbinden	*gŏte*	
	nă'méton	*méton* = fest
anderer, -e, -s	*pălo*, Plur. *mamălo*	
Anerbieten	*inefrĕse*	(v. *ofrecer*)
	prineméte	(v. *prometer*)
Anfang	*tinitŭhon*	
anfangen	*tutŭhon*	
Anfangs	*gi tinitŭhon*	
anfassen	*pátcha*	
Angel	*hăgue(t)*	
Angelschnur	*koddét*	(Saipan); (*cordel*)
	palăgon	(Rota)
angemessen	*hatcháiguă*	
angenehm	*namăgof*	*na-* (macht) *măgof* (froh)
angesehen	*măgas*	
	respetăjon	(v. *respeto*)
angreifen (feindl.)	*embéste*	(*embestir*)
	tŭgong	
(berühren)	*pátcha*	
Angriff	*tinĭgong*	
Angst	*minăăniau*	
ängstigen	*na'madniau*	
	faaniăgue	
ängstlich	*kokániau*	
Anker	*ánkla*	(*ancla*)
anklagen	*făáila*	(vielleicht von *hacer aire à alg.*, Jmd. lästig werden?), *fă-*, *fan-* als Vorsilbe: machen

ankommen	*mắto*	
ankündigen	*nătúngo*	
(öffentlich)	*sanganjáihun*	*sangā́ne*: sagen; *nja* (Partikel); *hijung*: heraus
Ankündigung	*sinanganjaihun*	
	notísia	(*noticia*)
Ankunft	*finắto*	(v. *mắto*)
anmessen	*na'asentā́do*	(*asentado*)
annehmen	*tchắh(e)lan*	
(empfangen)	*resíbĕ*	(*recibir*)
(Lehre)	*ósge*	
anordnen	*na'fatínas*	
anpassen	*na'ā́jă*	
anreden	*ádingān*	
	adingā́ne	
anrühren	*pátcha*	
anschwellen	*pumó(g)pog*	vgl. *pógpog*: Geschwulst
ansehen	*fana*	
ansiedeln	*manā́no*	vgl. *táno*: Grundstück
	rumắdikau	(*radicarse*)
anständig	*gásgas*	
anstatt	*en bes de*	(*en vez de*)
anstecken (Krankheit)	*tánme*	
Ansteckung	*tinánme*	
anstreichen	*pā́lai*	
	péntă	(*pintar*)
anstrengen (Jmd.)	*nămătátngā*	*tchā́mo namatátnga i tautau*: strenge den Mann nicht an
(sich)	*mámaitche'tcho'*	v. *matcho'tcho'*: arbeiten; *maisa*: selbst
anstrengend	*métyo(t)*	= hart
Anstrengung	*nunatátnga*	
Antwort	*inéppe*	
antworten	*óppe*	
anvertrauen	*angóko*	
anweisen (Arbeit)	*fanū́ē*	= zeigen (vgl. *fắna*, *fānā́gue*)
	na'lí'ĕ	(vgl. *lí'ĕ*, sehen)
Anweisung	*finanā́gue*	
anwesend	*gáige*	
Anwesenheit	*ginádige*	
anzeigen (denunciren)	*fa'áila*	vgl. anklagen
anziehen (sich)	*minagắgo-maisa*	vgl. *magắgo*: Kleidung
	nabéste	(*vestirse*)
anzünden	*sóngge*	
	tó(t)uge	

Apfelsine	*kăhé(t)*	(*cajel*)
(bittere)	*lalánga*	(*naranja*)
Arbeit(Leistung)	*fatchŏ'tcho'*	
(Gegenstand)	*itché'tcho'*	
(mühevolle)	*minápot*	vgl. *mapot*: schwierig
arbeiten	*fatchŏ'tcho'*	*ma-*, *fa-* = machen; *tchŏ'tchŏ'* = essen
	matchŏ'tcho'	
	tchŏguĕ	
Arbeiter	*mŏso*	(*mozo*)
	tináutau	vgl. *tautau*: Mann
Ärger	*biníbŏ*	
ärgern (Jmd.)	*na'bŭbŏ*	
	na'mălísia	(*hacer malicia*)
(sich)	*bŭbŏ*	
Ärgerniss	*ninabŭbŏ*	
	ninalalålo	vgl. *lalålo*: zornig
Arm (einschl. Hand)	*kănai*	
arm	*pŏble*	(*pobre*)
Armuth	*pinéble*	
arretiren	*póngle preso*	(*pon-le preso*)
artig	*ósgon*	
Arzenei	*ămo(t)*	
Arzt	*aámte*	
Ast	*rămas*	(*rama*)
	dúngă	
Athem	*hinăgong*	
athmen	*hăgong*	
au!	*ai! adalau!*	
auch	*lŏkuĕ*	
auf!	*hála!*	beim Heben eines Gegenstandes
auf (örtl.)	*gi hílo*	
auf meine Frage	*i finaisen*	
aufbewahren	*ùhŏ*	
(verbergen)	*nă'nă'*	
	namăo(k)	vgl. *măo(k)*: dauern
aufblicken	*lŭlŏ*	
auferstehen (vom Tode)	*număhelo*	vgl. *lumă'la*: leben
auffangen (v. zugeworfenen Gegenstand)	*tshăhelan*	
aufgehen (Sonne)	*kahŭlo*	(*cádau*)
aufhalten	*na'atrasão*	(v. *atrasado*)
(in der Arbeit)		
(v. Flüchtling)	*pădang*	
	tăgam	
aufhängen	*kănă*	

aufhäufen	*gutåi*	
	montchón	vgl. *tchontchon*: Nest
aufheben (v. Boden)	*kaha(t)*	
	hátsa	(*alzar*)
(v. Gesetz)	*natáibăle*	
aufhören	*nafágpŏ*	
	mågpŏ	
aufladen	*ū́mă*	
auflösen	*majū́lang*	
aufmerken	*atitū́je*	
aufmerksam	*atíto*	(*atento*)
Aufmerksamkeit	*inatiū́je*	
aufrichtig	*măgåhe(t)*	
	sensíjo	(*sencillo*)
aufstehen (v. Bett)	*kahū́lŏ*	
aufsteigen	*kahū́lŏ*	
aufwachen	*mangmáta*	
wach' auf!	*jå'ho! hála!*	
Auge	*måtă*	
Augenbrauen	*séhos*	(*cejos*)
Augenwimpern	*bābăle*	
aus: aus Mitleid	*pot minaā́se*	
ausbessern	*leméndă*	(*remendar*)
ausbreiten	*mámda*	im Sinne von: Thiere neu einführen und verbreiten
ausführbar	*fatinā́kon*	*fatī́nas*
Ausgabe	*gásto*	(*gasto*)
ausgeben	*gástă*	(*gastar*)
ausgehen	*hā́nau*	
aushalten (nicht nachlassen)	*súngon*	
(dulden)	*usū́ne*	
auslöschen (Licht)	*pū́nŏ*	
(Schrift)	*máfnas*	
ausplaudern	*sangā́non*	
auspressen	*fū́gŏ, hū́gum*	(*jugo*: Saft); dagegen *fū́go*: feiern
ausräuchern	*ásguĕ*	*āso*: Rauch; *ásga*: Schwefel; *ásgon*: Nebel
ausruhen	*deskánsa*	(*descansar*)
(die Arbeit unterbrechen)	*na'pā́ra*	(*parar*)
	pṓlō njaihun	
ausspucken (Speise)	*bṓbŏ*	
(Speichel)	*tṓlă*	
(hörbar)	*káka(g)*	
aussteigen (aus dem Wagen)	*tū́no(g)* (*gi karéta*)	
	tumū́no(g)	

ausstreichen (Schrift)	*na'táibălĕ*	*guáho fatínas dja táibale*: ich streiche aus
auszeichnen	*distingge*	(*distinguir*)
aussen	*gi hī́jung*	
ausser	*fuera de, jan*	(*fuera de*)
ausserdem	*ádemas* *lŏ́kue*	(*ademas*)
ausserhalb	*san hī́jung*	
Axt	*gátchai*	(*hacha*)

B.

backen	*humó(t)no*	(*horno*)
Backenzahn	*lénga*	
Bad	*fanomā́gan*	
baden	*humṓma(g)*	
bald	*gŭ́si*	
bald — bald	*ádjuka — adjuka* *pā́go — pā́go* *guáhanai — guáhanai*	
Balken	*jā́be*	(*trabe*)
Bambus	*pī́au*	
Banane (reif)	*ā́gă*	
(unreif)	*tchŏ́dă*	
Bananenpflanzung	*fanjodā́jan*	
Band (am Hut)	*lestón*	(*liston*)
bändigen	*na'mánso*	(*manso*)
Bank	*banko*	(*banco*)
Bark	*mŏ́dung, i mḗdung* *sáhĕjăn*	in Rota
bärtig	*gai bátbas*	*gai*: haben (*barba*)
Bauch	*tū́jan, i tī́jan*	
bauen (ein Haus)	*mámagī́ma*	*i gima*: das Haus
baufällig	*majū́lan*	
Bauholz	*madḗras*	(*madera*)
Baum	*trónkon-hā́io*	(*tronco*)
beabsichtigen	*hasū́jĕ* *hasŭ́sŭjĕ*	
(wollen)	*malā́go*	
Beamter	*gáipĕkă*	*gai*: haben, *pékă*: Amt
beaufsichtigen (hüten)	*pū́lan*	
(die Arbeit)	*ĕ́găgă i tché'tcho'*	
bedauern	*gai maā́se* *gai así́e*	*minaā́se*: Mitleid *así́e*: verzeihen
bedecken (mit e. Deckel)	*támpe*	

bedecken		
(mit Erde)	*oddā́e*	
(den Kopf)	*tinī́hong*	*tūhong*: Hut
(mit Blättern)	*tutúpe*	In einer Grube wird ein Reisigfeuer gemacht und auf ihm Steine erhitzt, hierauf d. Feuer entfernt, Brotfrüchte u. A. auf die heissen Steine gelegt und mit Blättern bedeckt; nach ½ Stunde sind sie gar.
bedienen	*sétbĕ*	
(sich)	*sétben-máisa*	(*servirse*)
bedürfen	*guáilăjĕ*	*ti guáilaje*: es ist nicht nöthig
beeifern (sich)	*na'kinimplído*	*kinimplido* (*cumplir*): Erfüllung
beerben	*nagáitŏkă*	
	herḗdă	(*heredar*)
beendigen	*mágpo*	
	nafágpo	
	nafunhåjan	
	hoko(g)	
(Alles aufzehren)	*lā́tchai*	
beerdigen	*hǻfo(t)*	
	oddā́ĕ	
Befehl	*ó(t)den*	(*orden*); einen Befehl ausrichten: *sangā́ne*
	tinågo	*tågo*
	ginā́gan	
	minánda	(*mandar*)
befehlen	*mánda*	
	tågo	
	gā́gan	
	na'fatī́nas	
	nahane	
befestigen	*na'méton*	*méton*: fest
befinden (örtl.: sich)	*gaige*	*gi Luta gaige benado*: in Rota sind Hirsche
	ū́lat	*gi Tinian gaige* (*ū́lat*) *guaka*: in Tinian ist Rindvieh
(gesundheitl.: gut)	*hómlo*	
(schlecht)	*malángo*	
befreien (loslassen)	*pū́lă*	
	sṓtă	(*soltar*)
(allg.)	*na'libre*	(*libre*)
befriedigen	*namā́gof*	*mā́gof*: froh
begabt	*méh(e)nălong*	
begegnen (Jmd.)	*umásŏdă*	*sóda*: finden; also: sich finden
begierig	*máăhŏ'*	= durstig

beginnen	*tutŭhon*	
begreifen	*túngo*	
begrüssen	*salū́dă*	(*saludar*)
(ehrfürchtig)	*na'hū́lō*	(vielleicht von *jurar*: schwören, also: d. Treueid leisten komm!); wohl v. *ūlō* oder v. *hū́lŏ*: Kopf, also: den Kopf neigen
	nṓnĕ	(veraltet)
begünstigen	*faborese*	(*favorecer*)
bei: bleibe bei mir	*sagagijaguaho*	
Bein	*pie(t)na*	(*pierna*)
beischlafen (ehelich	*umátchagai*	
(aussereherlich)	*leglo(g)*	
beissen	*áka*	
bejahen	*na'fi(t)me*	(*firme*)
	hunggū́o	*húnggan*: ja
bekannt	*ā́tungo*	
Bekanntmachung	*sniánganjáihun*	vgl. *sanganjáihun*
Bekassine	*dolile*	
beklagen (sich)	*kuméha*	(*quejarse*)
	umaiai	*ai! au! o!*
	umūgong	
bekleiden	*minagågo*	*magågo*: Kleidung
	nabéste	(*vestire*)
bekommen	*tchắh(e)lau*	
beladen	*ū́mă*	
belagern	*kóllat*	(*cōrral*)
Belagerung	*kinéllat*	
belehren	*fanā́gue*	
	na'tungo	
beleidigen	*isā́gue*	*ī́sau*: Sünde
	na'bū́bŏ	
Beleuchtung	*inī́na*	
belohnen	*apā́se*	(v. *apaciguar*?)
Belohnung	*ápas*	
bemitleiden	*gaiā́se*	vgl. bedauern
bemühen (sich)	*na'prinekū́ră*	
benachrichten	*na'matungo*	
beneiden	*lā́jo*	
benennen	*na'fanā́an*	*naán*: Name
berauben	*sakáiguan*	(*saquear*) *sake*: stehlen
bereit	*guse*	
	listo	(*listo*)
bereitmachen	*na'listo*	
bereuen	*manió(d)so(t)*	
Berg	*ógso*	
Berggipfel	*hū́lo-ógso*	

beruhigen	*ma'matkílo*	*matkílo*: ruhig (vielleicht v. *tranquilo*)
berühren	*pátcha*	
beschädigen	*njū́lang*	
	na'lā́men	
	na'sisitan	eine Wunde aufreissen
	na'táilăjĕ	*tailaje*: schlecht
beschuldigen	*atcháka*	
	na'ō̃son	
	só(g)ne	
	fadíla	
Beschuldigung	*finadíla*	
besiegen	*aniau*	
	gā̃nă	(*ganar*)
	bénce	(*vencer*)
besitzen	*guáha*, *gumuáha*	
	gáiĕjō, *gumáiĕjō*	
	gáiga	
bestätigen	*na'magáhe(t)*	*magáhet*: wahr
besteigen	*kahū́lo*	
bestimmt	*presíso*	(*preciso*)
	fiho	(*fijo*)
bestimmen	*nahā́ne*	
	pō̃lŏ	(*poner?*)
bestrafen	*kastíga*	(*castigar*)
	săpit	
Betel (-nuss)	*pū̃guă*	
(-blatt)	*popū̃lo*	
(-kalk)	*áfo(g)*	
beten	*tai tai*, *manáitai*	= lesen
	tā́jŭjŭ(t)	
beten für (Jmd.)	*tai tā̃je*	
betrachten		
(ansehen)	*njū̃njă*	
(erwägen)	*konsidéra*	(*considerar*)
	kontémpla	(*contemplar*)
betrinken (sich)	*bumalátcho*	(*borracho*)
betrüben (Jmd.)	*na'mahálang*	
betrügen	*dā́ge*	
bevor	*nā̃ja*	(alt); (*antes de*)
bewachen	*adáhē*	
	pū́lau	
bewässern	*riégă*	(*regar*)
	na'fótgon	*fótgon*: feucht
	na'másmai	bes. Kalk löschen (*másmai*); aber auch allgemein

bewege (etwas)	*na'kámden*	vgl. *kámden*: quer
(sich)	*kalámden*	
beweisen	*tchage*	= versuchen
bewohnt	*másaga*	(Pass.) v. *sắga*
bewundern	*mánman*	
bezahlen	*apắse*	(v. *apaciguar*?)
Bezahlung	*ápas*	
bezeichnen	*mátkă*	(*marcar*)
bezeugen	*testigŭ́je*	(*testigo*)
biegen	*dŏ́blă*	(*doblar*)
biegsam	*njắbă*	
(schwank)	*njauhan*	
(gebogen)	*guá'om*	
Bier	*sĕbĕ́sa*	(*cerveza*)
billig	*baráto*	(*barato*)
billigen	*tŭ́nă*	vgl. *tŭ́nas*: richtig
binden (an-)	*góte*	
(zusammen)	*na'ắgŏtĕ*	
bis	*ásta*	(*hasta*) *ásta i taloắne*: bis Mittag
	jā, nu	*nángga ja* (*nu*) *humaila*: warte, bis ich komme
bitten	*gắgau*	
bitter	*malắe*(*t*)	
blasen		
(Wind machen)	*mangguaife*	*manglo*: Wind; *guaife*: blasen
blass	*tchŭ́pon*	
	hipắto	(*hepatico*)
Blatt	*hắgon*	
	ŏ́has	(*hoja*)
Blattern	*be*(*t*)*guĕ́las*	(*viruelas*)
blau	*asŭ́*(*t*)	(*azul*)
bleiben	*sắgă, sŭmắgă*	
blind	*bátche*(*t*)	
Blindheit	*binátche*(*t*)	
Blitz	*lámlam*	
blitzen	*lumámlam*	
blödsinnig	*ắlangă*	
blühen	*mamflŏ́res*	(*flores*)
Blume	*flŏ́res*	
Blut	*hắgă*	
bluten	*măhắgă*	
blutig	*măhắgă*	
	mĕ́hĕgă	
blutüberströmt	*kăhắgă*	
Boden	*ód'da, i éd'da*	
Boot	*galáite*	

Bohne	*ábas*	
Bohrer	*barḗnă*	(*barrena*)
bohren	*tăládră*	(*taladrar*)
(e. Loch machen)	*dū́lo*(*g*)	
borgen	*ā́jau*	
(an-)	*umā́jau*	
(weg-)	*uáajau*	
böse	*kamden* Plur. *mangámden*	
Bote	*tågo*	= sagen lassen
Brandung	*nā́pŏ*	
braten	*tū́nŏ*	
Braten	*tinī́nŏ*	
Bratspiess	*ā́sădŏ*(*t*)	(*asador*)
brechen		
(Stock, Knochen)	*hū́lo*(*k*)	
(Topf)	*póka*	
(sich übergeben)	*mū́tă*	
breit	*máguag*	
brennen (ein Haus)	*hā́nun*	*hā́nun!* es brennt! Feuer!
Brennholz	*håio*	f. *tronkon-håio*: Baum
Brett	*tā́blă*	(*tabla*)
Brief	*tinī́ge*	*tū́ge*: schreiben
	kát'ta	(*carta*)
bringen	*tchū́le*	
	ā́tŏ	
Brot (d. h. gekochter Taro)	*ā́gon*	
Brotfrucht	*lemai*	(*rima*) *ḗlemai*: Brotfrucht suchen
Brotkorb (Wegzehrung)	*téngguang*	
Brücke	*tṓlai, i tī́lai*	
Bruder	*tchälo-låhe* Plur. *manjälo*	*låhe*: männlich
brummen	*gónggong*	
	ŭmúmŭmū	
Brunnen	*tū́pŏ, i tī́pŏ*	dagegen: *tū́pŏ, i tī́pŏ*: Zuckerrohr; *tū́bŏ, i tī́bŏ*: Rohr, Lampencylinder (span.: *tubo*)
Brust	*hå'uf*	
(weibl.)	*sū́sŭ, i sī́sŭ*	
brüten	*kumoléka*	*i mano*(*k*). *kuléka*: die Henne brütet
	mamulákes	
	mapulákes	
bunt	*gaikŏlṓ*(*t*)	(*color*)

Buschmesser		
(hiesiges)	*matchĕte*	(*machete*)
(der Tagalen)	*bṓlō*	
Butter	*mantikĭ́ja*	(*mantequilla*)
C.		
Chamorro-Sprache	*finuhåja*	*håja*: Osten; vgl. *finulågo*: span. Sprache; *lågo*: Westen
christlich, Christ	*kilistiā́nō*, Plur. *mangilisiā́no*	(*cristiano*)
D.		
Dach	*átof*	
(Bedeckung)	*hĭ́gai*	die geflochtenen Palmblätter zur Bedachung
daher	*să*, *nai* *já*, *ā́jo-ná* *pot-ĕnau*	
damit	*para*	(*para*); *husangā́ne hau taiguine, para ontongo*: ich sage dir das, damit du es weisst; *husangā́ne hau taiguine, para tchamo fumatítinas tā́lo*: ich sage dir das, damit du es nicht wieder thust
Dämmerung (Morgen-)	*kā́namandánana*	
Dampf	*mināgap*	
(auch Rauch)	*ā́sŏ*	
(Nebel)	*ásgon*	
dankbar	*magaum-hinā́lum*	vgl. *hā́lum*: innerlich
danken	*agradĕ́se*	(*agradecer*)
dann (nachher)	*lā́mŏna*	
das (Art. u. Rel.)	*ĭ*	
Dauer	*inámam* *mināo(k)*	
dauern	*mā́o(k)*	
dein (Besitz unbelebter Dinge)	*ijŏ́mo*	*ijŏ́mo na säsä*: dein Messer = *säsä'mo*
(Bes. v. Thieren)	*gámo*	(vgl. *ga'ga'*: Thier); *gámo na kabáju*: dein Pferd = *kabajúmo*
(allg.)	*-mo*	(als Nachsilbe); *tatámo*: dein Vater
denken	*hássŏ*	

dennoch	*sin embá(t)ko*	(*sin embargo*)
	lau	*lau ti onfatī́nas*: dennoch hast du es nicht gethan
der (Art. u. Rel.)	*ĭ*	vor Personenbezeichnungen, Nom., Gen., Acc.: *si*; Dat., Abl.: *as* oder *as si*
(Rel.)	*guā́*, *hā́ie*, *jā́*	*mā́no i tautau, jā́ este gualonī́a*: wo (ist) der Mann, dem dieses Feld (gehört, ausgedrückt durch *-ī́a*: sein)
deren	*ginĕdā́ijo siha*	
dessen	*ginĕdā́ijo*	= Eigenthum
dick	*kā́tătă*	= kurz
	lṓdo	= massig, auch v. Sachen
	jṓmok	= fett; nur v. Lebewesen
die (Art. u. Rel., Sing.)	*ĭ*	
(Plur.)	*ĭ-siha*	
(Rel.)	*hā́ie, hā́ie-siha*	
Dieb	*ántaja(k)*	
	sáke; Plur.: *manjáke*	(*saquear*)
Diener (Hausjunge)	*tentā́go*	vgl. *tā́go*: befehlen
Dienstag	*má(t)tes*	(*martes*)
dieser, -e, -s	*éste*	(*este*) *este na guā́ka*: dieses Rind
	ajin	*ajin na léblo*: dieses Buch
(dies)	*īnī*	(nur am Schluss); *tautau ini*: dies ist ein Mann
diesseits	*gī́ve-ā́jin*	
	gi mágin	
	na etchóngnia	vgl. *etchóngnia*: jenseits
Donner	*hū́lō i hī́lō*	
Donnerstag	*huébes*	(*jueves*)
Donnerwetter!	*karámba! karákot!*	(*caramba, carajo*)
doppelt	*dṓble, i déble*	(*doble*)
Dorf	*sóngsong, i singsong*	
dort	*guā́hĕ*	dort ist: *éstaguī*
dorther	*mā́ge*	*tchū́le mā́ge*: bringe her
	gī́ne ā́jo mā́ge	
dorthin	*guā́to*	
Drachenspiel	*păpălóte*	(*papacote*)
draussen	*san hijung, gi hijung*	
drehen (am Seil)	*tchaflū́le(g)*	
(einen rund. Gegenstand)	*nalī́ligŏ*	
(wenden)	*légle(g)*	
	bī́ră	

drei (v. Sachen)	*tŭlo*	
(v. Personen)	*táto*	
dreissig	*tŭlŏ nga m̃ao(t)not*	
dreist	*taiániau*	*tai*: nicht; *ániau*: Furcht
dreizehn	*fína - tŭlŏ*	
dritte	*tinate*	(Guam)
	túrgŭjai	(Rota)
drohen	*faaniågue*	= ängstigen
	na' maániau	*na'*: machen; *maániau*: fürchten
Drohung	*finaniågue*	
Drossel	*sălĕ*	
drüben	*gi otro bánda*	
drücken (nach unten)	*hŏniŏ*	
(quetschen)	*matchíget*	
(aus)	*hŭgum, fúgŏ*	(*jugo*)
du	*hågo, hao*	*hågo mauleg* = *mauleg hao*: du bist gut
(Conj.-Vorsilbe)	*un-*	*hågo unlíe*: du siehst
dulden (zulassen)	*ósgé*	
(leiden)	*súngon*	
	tchŭot	
dumm	*bábă*	dagegen: *băbă*: öffnen; *bå'bå'*: durchprügeln
	ălangă	= blödsinnig
Dummheit	*binábă*	
	inălanga	
dumpf	*tánga*	= taub
	ŭdŏ	= stumm
Dünger (v. Thier allgemein)	*tåke gá'ga'*	
(v. Rind)	*tåke guáka*	
(v. Pferd)	*tåke kabåju*	
dunkel	*hómhom*	
dunkeln	*mătchum*	= die Sonne geht unter
dünn	*dălălai, dinălălai*	
Dünung	*lánga(g)*	
durch	*pot*	(*por*); *pot este na medida*: durch dieses Mittel
durchprügeln (allgemein)	*såpit*	
(mit der Hand)	*patmădă*	(*palmada*)
(mit der Faust)	*dŏmŏ*	
(mit e. Stock)	*pănag*	
(mit e. Strick)	*sáulay*	
(d. Hint. hauen)	*bá'ba'*	

durchsichtig (z. B. Wasser)	*náuau*	
(durchlöchert)	*ngū́lo*	= Loch
dürfen	*gaisísiniă*	vgl. *sínia*: können
dürr	*ánglo*	
	malā́ju	= trübselig
Durst	*minā́hŏ'*	
dürsten, durstig	*mā́ăhŏ'*	
E.		
eben (jetzt)	*pågo*	
(glatt)	*măh'los*	
(horizontal)	*jā́nō*	(*llano*)
Ebene	*jĭnā́no*	
echt	*magáhe(t)*	
Ehe	*ŭmăsā́guă*	dagegen: *ŭmåsăguà*: Heirath
ehemals	*nā́jă*	
Ehre, ehren	*ónră*	(*honra*)
ehren	*na'hū́lŏ*	(v. *jurar?*)
ehrlich	*gásgas*	
	măgáhe(t)	
Ei	*tchā́dă*	
Eidechse (die blauschwänzige)	*guăllé(g)*	
(Gecko)	*ásăs*	
Eifer	*minatátnga*	
	prinĕkū́ră	(*procurar*)
eifersüchtig	*ég'gō*	
eifrig	*matátuga*	= muthig
	gauméja(g)	= neugierig
	jṓtăhĕ	= geizig
eigentlich	*mōhun*	*sínia mōhun onfatchótcho dididi*: du könntest eigentlich etwas arbeiten
Eigenthum	*ginĕdiejo*	
eilen, eilend	*sóhĕjau*	
	tchā́de(g)	
ein [Zahlwort] (v. Sachen)	*hátcha*	
(v. Personen)	*hătitip*	
[Artikel]	*un*	(*un*)
einander	*uno jan ṓtro*	
einfältig	*ā́langă*	
Eingeständniss	*minagáhe(t)*	
eingestehen	*magáhe(t)*	= aufrichtig
Eingeweide	*tĭlipās*	(*tripas*)

eingiessen	*nājĕ*	
einig	*pārēhò*	(*parejo*)
	umājă	
einige	*mamālo*	(Plur.v.*pālo*); *mamālo na palūma*: einige Tauben
	kuatkiéraha	(*cualquier*)
Einigkeit	*pinaréhe*	
	ināja	
einkleiden	*na'minagågo*	
einladen (zu Gast)	*numánăsăgà*	vgl. *sägä*: bleiben
einmachen (Brotfrucht)	*būlan*	In einer Grube werden die geschälten Früchte auf Bananenblätter gelegt, mit Blättern bedeckt und mit Steinen beschwert. Die übelriechende Speise ist nach einigen Monaten vergoren und fertig.
einmal	*pagohá*	
einrichten	*na'tūnas*	
einsalzen	*ásne*	
einsam	*máisă*	
einsperren	*póngle*	(*poner-lo*)
einträchtig	*pumaréhe*	(*parejo*)
	gumátchon	
einverstanden	*mūtò*	
Einwanderer	*pāgotáutau*	*pāgo*: heute; *tautau*: Mann
	tautau humūjung	*humūjung*: hinausgehen
einwickeln	*afūjo(t)*	
(einrollen)	*táhele(g)*	
	balūtan	
einwilligen	*ósgĕ*	
einzäunen	*kóllat*	(*corral*)
Eisen	*lūlo(g), i lilo(g)*	
eitel	*banidōso*	(*vanidoso*)
ekelhaft	*nāmăsă*	
Elend	*pineble*	(*poble*)
Eltern (Vorfahren)	*manjánia*, Sing. *sáina*	
empfangen	*tchåhēlau*	
empfinden	*bēnite*	
Ende	*finágpŏ', hóko(g)*	
endigen	*nafágpŏ'*	
	nafunhājan	
endlich	*pot úttimō*	(*por ultimo*)
eng	*máijut*	
(gedrängt voll)	*manátchiget*	vgl. *matchiget*: drücken
Engel	*ánhe(t)*	(*angel*)

entbehren	*hásan, humásan*	
	tumáia	vgl. *taia*: nichts
entdecken	*sṓdĭ*	
Ente	*ngángā*	
entfernen (sich)	*tchumā́gŏ*	vgl. *tchā́gŏ*
(hinter sich lassen)	*díngo*	
Entfernung	*tchinā́gŏ*	
enthalten (fassen)	*umómlat*	
enthaltsam	*matchṓmă*	vgl. *tchṓmă*: verhindern
entkernen (Mais)	*gū́gon*	
entlassen (Jmd.)	*sū́gon*	
	na'hā́nau	vgl. *hā́nau*: fortgehen
entlaufen	*malågŏ*	
entschuldigen	*asĭ́ĕ*	
entsetzlich	*na'maániau*	vgl. *máaniau*: fürchten
entstehen	*humū́jung*	vgl. *hĭ́jung*: heraus
entweder — oder	*pát-pát*	*mámaigo pat bumábaila*: entw. schlafen sie, oder sie tanzen; *an ti mámaigo, bumábaila*: wenn sie nicht schlafen, tanzen sie
entwurzelbar	*halī́on*	*hāle*
entzwei (Knochen Stock)	*máh(e)lo(k)*	vgl. *hū́lo(k)*: zerbrechen
(Gefäss)	*máfa(k)*	
(zerstört)	*majū́lang*	vgl. *njū́lang*: beschädigen
er	*guĭ́a*	
(Conjug.-Vorsilbe)	*ŭ-, ha-*	
erben	*herḗdă*	(*heredar*)
	na'gáitŏkă	
Erdbeben	*lĭ́nau*	
Erde (als Planet, Grundstück, Insel)	*tā́nŏ*	
(Boden, Staub)	*ód'da, i ed'da*	
ereignen	*sŭsḗdĕ*	(*suceder*)
erfahren (Verb.)	*túngo*	= wissen
(Adj.)	*fā́jĭ*	
ergreifen	*gū́'ot*	
	tā́kă	
erhängen (sich)	*niắka máisague*	
erholen (sich v. e. Krankheit)	*humóhomlo*	vgl. *hómlo*: gesund
erhöht	*na'lŏ́ka*	
erhöhen	*nalathilo*	*hulo*
erinnern (sich)	*hắsso*	= denken
erkälten (sich)	*umḗfresko*	(*fresco*)
	rumésfriau	(*resfriado*)
	mumā́niung	

Erkältung	*resfriáu*	
	mā́niung	
erkennen	*rekonŏ́se*	(*reconocer*)
erkundigen (sich)	*kĕ́tungo*	
erlangen	*konsī́ge*	(*conseguir*)
erlauben	*konsiénte*	(*consentir*)
	pe(t)mī́te	(*permitir*)
	ósge	
	hóngge	= zugeben, glauben
Erlaubniss	*lisénsia*	(*licencia*)
erleuchten	*ī́na*	vgl. *inī́na*: Beleuchtung
ermahnen	*pågat*, *famā́gat*	
	āgang, *ăgắnge*	= herbeirufen, citiren
	konsĕ́ha	(*aconsejar*)
Ermahnung	*pinā́gat*	
ermässigen	*na'tū́no(g)*	*tū́no(g)*: herabkommen
	na'látpăpă	*látpăpă*
ermuthigen	*anī́mă*	(*animar*)
ernst	*na'máaniau*	vgl. *máaniau*: fürchten
Ernte	*kinḗkŏ*	
Erntemann	*kī́koko*	
ernten	*kṓkŏ*	
erröthen	*naagā́ga*	*agā́ga*
erscheinen		
(in der Ferne)	*áno(k)*	
(vor Gericht)	*fáto*	
erschrecken (Jmd.)	*hongáng*	
	na'lŭ́han	(Rota)
(selbst)	*máh'ngang*	= Schreck
	lúhan	(Rota); = Schreck
Erste (allgemein)	*hasū́jai*, *primḗr*	*i primḗr haā́ne*: der erste Tag
insbesondere:		
(der Erstgeborne)	*fenḗna*	
(d. Vorangehende)	*mṓfona*, *i mḗfona*	
ertrinken	*mátmos*	
ertränken	*lū́mos*	
erwägen	*konsidḗră*	(*considerar*)
	kontémplă	(*contemplar*)
Erwartung	*ninángga*	vgl. *nángga*: warten
es	*guía*	
(Conj.-Vorsilbe)	*ŭ-*	
Esel	*bŭlíko*	(*burro*)
essen	*tchŏ́'tchŏ'*, *kā́no*	
Esser	*kā́kano*	
Essen	*nengkano*	
etwa	*kā́na*, *buénte*	*kā́naparcho*: etwa dasselbe, ähnlich

etwas	*hắfa, hinắfa*	
	guắha	
euch	*hämio*	= ihr
euer (Besitz unbelebter Dinge)	*ijonmī́o*	*ijonmī́o na gū́ma*: euer Haus
(Bes. v. Thieren)	*ga'mī́o*	*ga'mī́o na galågo*: euer Hund
(Bes. allgemein)	*-mī́jo*	*tatamī́o, gumanī́o, galagomī́o*
F.		
Fächer	*gō̆ha, i gḗha*	
fähig	*na'sī́nia*	vgl. *sī́nia*: können
fahren	*kinarḗta*	(*carreta*)
	máudai gi karḗta	*maudai*: reiten
Fall (Sturz)	*pinḗdung*	
	binásna(g)	
Falle	*ŏ́kŭdŏ*	
fallen	*pō̆dung*	
	básna(g)	(*habásnag*)
fällen	*ū́to(t)*	= abschneiden
falsch (gefälscht)	*fátsō*	(*falso*); *salápe fátso*: falsches Geld
(unrichtig)	*taininasī́niä*	vgl. *taia*: nicht; *sī́nia*: können (vielleicht aber auch v. span. *asi, no es asi: tai asi*)
(trügerisch)	*dåkun*	*un kátta dåkun*: eine falsche Nachricht; *un tautau dåkun*: ein unzuverlässiger Mann
Falschheit	*dinåkun*	vgl. *dáge*: lügen
	dinā̆ge	
Familie	*familia*	(*familia*)
Farbe (Farbstoff)	*pintū́ră*	(*pintū́ra*)
(Färbung)	*kolót*	(*color*)
färben	*tū́mŏ*	= gerben
Färber	*tī́tumŏ*	= Gerber
fassen (enthalten)	*umómlat*	*i botéja omlat un litro*
fasten	*ajū́na(t), umajū́na(t)*	(*ayunar*)
faul (träge)	*gågo*	
(verfault)	*podlilo*	(*podrido*)
	mū́tong	
Faulenzer	*njā́ting*	vgl. *njanjáting*: lahm
Faulheit	*ginā̆go*	
Faust	*panjite*	
Feder (Schreib-)	*plū́ma*	(*pluma*)
(Vogel-)	*pū́lo, i pī́lo*	= Haar; *pū́lon máno(k)*: Hühnerfeder; *i pī́lon palū́mă*: die Taubenfeder
fegen	*bā́lĕ*	(*barrer*); dagegen *båle*: kosten
	lampā́so	(*lampazo*)
	sáusau	

fehlen (mangeln)	*taia*	*taia hānum*: es ist kein Wasser da
	fátta	(*faltar*)
Fehler	*linátche*	
Fehler machen	*látche*	
feige	*kokániau*	vgl. *máaniau*: fürchten
	dange	
Feigheit	*kinekániau*	
	dinánge	
fein	*fíno*	(*fino*)
Feind	*hătchătlíĕ*	vgl. *tchatlíe*: hassen
Feindschaft	*ŭiătchătlíĕ*	
Feld (Pflanzung)	*guālŏ*	
Feldarbeit	*tché'tcho'-guālŏ*	
Fell	*lăsas*	= Haut
Fels	*átcho*	= Stein
Fenster	*bentāna*	(*ventana*)
	fanelāguan	vgl. *lagua*: Netz
fern	*tchāgŏ*	
Ferne	*tchināgŏ*	
ferner	*lōkuĕ*	
fertig	*hŏko(g)*	= Ende
	monājon	
	magpo	
fesselbar	*talíon*	*tāli*
fest	*fítme*	(*firme*)
	mĕton	
(unbeweglich in der Erde)	*máfnot*	
festhalten	*góte, gúŏt*	= anbinden
	pādang	
festsetzen (Termin)	*na'hāne*	vgl. *haāne*: Tag
Festtag	*gūpo(t), i gīpo(t)*	
fett	*jŏmu(g)*	= dick
feucht	*fótgon, fofótgon*	
	māgem	
Feuchtigkeit	*finefótgon*	
	mināgem	
Feuer	*guăfe*	Feuer! *hānun*
Fieber	*kalentūră*	(*calentura*)
finden	*sŏdă*	
Finger	*kálulot*	
Fingerhut	*dŏda(k), i dĕdak*	(*dedal*)
finster	*hómhom*	
Fisch	*guíhan*	
fischen	*puméskă*	(*pescar*)
	éguihan, umĕguihan	
	sumībek	(Rota)

fischen	*atúpa(t)*	Eine besondere Art des Fischens: auf dem Grunde des Meeres ruht die Reuse; in ihr ein runder Stein (*átcho-atúpat*), auf welchem eine halbe Kokosschale, mehrfach durchlöchert, befestigt ist, die den Köder (zerstossene Kokosnuss) enthält, welcher durch die Löcher austritt und die Fische in den Korb lockt.
Fischer	*peskadó(t)*	(*pescador*)
Fischreuse	*nā́să*	
	gígan	
flach	*jā́nō*	(*llano*)
	tumóto	
Fläche	*jinā́nō*	
Flamme	*manjíla*	
Flasche	*botḗjă*	(*botella*)
Flaschen- (Glas-) Scherben	*redṓma*	(*redoma*)
Flaschenstöpsel	*sóngsong, i singsong*	= Dorf
flechten	*fíla(g)*	
	túfo(g)	= weben
Flechter	*fifilag*, Plur. *manifilag*	
Fledermaus (kleine)	*pājésjes*	
(flieg. Hund)	*fānīĕ*	
Fleisch	*ká(t)ne*	(*carne*)
Fleiss	*ĭ'nĭ'sū́ne*	
fleissig	*manusū́ne*	
	manhū́la(t)	
(flink)	*makalámia*	
flicken	*leménda*	(*remendar*)
Fliege	*ldlo*	
fliegen	*gŭpo, gumŭpo*	vgl. *gá'ga' na gumúgupo*: Vogel
fliehen	*maldgo*	
— u. sich verbergen	*umắto(g)*	
fliessen	*tumútuno(g)*	vgl. *tū́no(g)*: herabkommen
flink	*makalámia*	
Floh	*pótgas, i pétgas*	(*pulga*)
Floss	*bátsa*	(*balsa*); vgl. *bátsala*: schleifen
Flucht	*minaldgo*	
Flügel	*pā́pă*	
Fluss	*sắdo(k)*	
Flussbecken	*mắtanhā́num*	*mātă*: Auge; *hanum*: Wasser

flüssig	*mămăhắnum*	
flüstern	*umanjángūn*	
folgen (ver-)	*dúlalak, dulaláke, dálalak*	
	tatíje, síye, tắte, tumáte, manáte	(*seguir*)
(gehorchen)	*osye*	
folgsam	*ósgon*	
fordern (Geld ein- einziehen)	*kŏblă*	(*cobrar*)
fortgehen	*hắnau, humắnau*	
(nur in 3. Pers.)	*mápos*	*mápos i halúo*: der Hai ist fort
Frage	*finaisen*	
fragen	*fáisen*	
(verhören)	*faise(g)nắne*	
Frau	*palauan*; Plur. *famalauan* u. *famagúon*	im Plur. auch = Schulkinder beiderlei Geschlechts
frech	*taimamáh(e)lau*	vgl. *mamáhelau*: sich schämen
frei	*malúlo(g)*	
freigebig	*yéftau*	
Freitag	*biétnes*	(*viernes*)
fremd	*humắjung*	vgl. *san hĭjung*: draussen
Fremdling	*tautau hắjung*	
(Europäer)	*tautau gi lágo*	= Mann aus dem Westen; thatsächlich kamen aber die ersten Europäer, Magalhães 1521 und später die Mission 1667, aus d. Osten, letztere aus Mexico. Deutet das auf einen früheren Verkehr mit Asien?
(Caroliner)	*tautau gi pălau*	
Freude	*minắgof*	
freuen (sich)	*mumắgof*	vgl. *mắgof*: froh
Freund	*ábo(g)*	
	amígo	(*amigo*)
freundlich	*magoflắmen*	
Freundschaft	*inagoflĭĕ*	*gof*: gern; *lĭĕ*: schon
Friede	*minắ'gong*	
friedfertig	*mā'gong*	
Friedhof	*sementéjō*	(*cementerio*)
frieren	*manengheng*	= kalt
	fúgŏ	dagegen *fúgŏ*: Saft
frisch	*pắgo*	= heute
(jung v. Blättern u. Früchten)	*pắgo-tchinắle(k)*	vgl. *tchắle(k)*: lachen
froh	*mắgof*	
fromm	*manió(d)sot*	
	debŏto	(*devoto*)

Frömmigkeit	*dinebō̆to*	
Frucht	*tinéktchă*	vgl. *tóktcha*: die Lanze. Die Brotfrüchte werden mit einem langen Stock, der auch *tóktcha* heisst, abgestossen
frühe	*táftaf*	
	mā̆gă	
früher	*nā̆jă*	
Frühstück	*amótso*	(*almuerzo*); dagegen das Frühstück bereiten: *famamótso*
fühlen (tasten)	*siénte*	(*sentir*)
(empfinden)	*bēnite*	
füllen	*na'bū̆lă*	*bū̆lă*: voll
fünf	*líma*	
der fünfte	*iminasinko*	(Guam); (*cinco*)
	límejai	(Rota)
fünfzig	*líma nga mao(t)not*	
für	*pā̆ra*	
Furcht	*mináăniau*	*mináaniau*: Furcht, als Folge *minaániau*: Niederlage; *umásagua*: Heirath, als Folge *umasā̆gua*: Ehe
	kinekániau	
fürchten	*máaniau*	dagegen *maániau*: unterliegen
furchtlos	*taiániau*	
furchtsam	*kókaniau*	
Fuss	*ádeng*	
Fussboden	*sádge*	vielleicht v. span. *sarga*: Weide, da der erhöhte Fussboden zuweilen heute noch aus Flechtwerk besteht
Fusssohle	*fanggatchā̆an*	
Fussweg	*kā̆jĕhon*	(*callejon*)
füttern	*na'tchŏ'tchŏ'*	
G.		
gähnen	*mā̆gap*	
gar, reif	*mása*	
gar (sogar)	*ástă*	(*hasta*)
Garten	*hadín*	(*jardin*)
	guétta	(*huerta*)
Gast	*tuiáutau, umenggū̆ma*	
Gatte	*ăsā̆guă*	
Gaukelei	*salamánka*	
gebären	*manjágo*	vgl. *finanjágo*, Geburt
geben	*nā̆ĕ*	
Gebet	*tinā̆jŭjŭt*	

gebildet (kundig)	*fǟje*	
	méh'nalong	
(gelehrt)	*malắte*	
(anständig)	*gásgas*	
Gebirge	*ogso*	
gebogen	*guá'öm*	
geboren werden	*nénē*	*un pátgon láhe hagas nēnē*: ein Knabe wurde geboren
gebrauchen	*ǖsä*	(*usar*)
Geburt	*finaniágo*	vgl. *manjågo*: gebären
Geduld	*pasénsia*	(*paciencia*)
(im Leiden)	*siningon*	
geduldig	*súngon, manjúngon*	
Gefahr	*peligro*	(*peligro*)
gefallen	*guaia*	
gefällig	*nắmagof*	= fröhlich
gefrässig	*golöso*	(*goloso*)
gegen	*jan*	*i Chamorro manūmo jan i Espaniot*: die Chamorro kämpften gegen die Spanier
gegenüber	*etchóngnia*	= jenseits
	san ména	= vorn
Gegenwart	*ginúige*	
(anwesend)	*gáige, san ména*	
(jetzt)	*pắgo*	
gehen (marschiren)	*mamóka(t)*	
(fortgehen)	*hắnau, humắnau*	
(gehen nach)	*fálag*	*hufálag bodéga*: ich gehe in den Keller
gehorchen	*ósge*	
gehören	*gumaiijo*	vgl. *gáiijo*: besitzen
gehörig	*ijon*	*este na tano ijon imperio*: diese Insel gehört dem Reich
gehorsam	*ósgon*	
Gehorsam	*inésge*	
geil	*gaắbale*	vgl. *ắbäle*: weibl. Geschlechtstheil
	gắgau	= verlangen
geizig	*lág'ga*	= neidisch
	interesắo	(*interesado*)
	jötahe	
gelähmt	*njanjắting*	
Geld	*säläpe*	
Geldbeutel	*botsíjo*	(*bolsillo*)
gelehrt	*malắti*	
gelten	*balínia*	(*valer*) *kuanto balinia?* was kostet es?

gemäss	*pot*	*pot este na ot den*: gemäss dieser Verordnung
gemein (allgemein)	*íjon megai* *íjon láhăjăjan*	
(niedrig)	*áplatcha*	
Gemüse	*gŏ́lai*	
genug	*nā̆hung, manā́da*	(*básta*: es genügt); *basta hugando*, es ist genug gespielt
gerade	*tū́nas*	= gerecht, richtig
geräumig	*mā́guag* *manguā́guag*	
gerben	*tū́mo*	= färben
gerbfähig	*tumū́jon*	
Gerber	*títŭmo*	= Färber
gerecht	*tū́nas*	
Gerechtigkeit	*tinī́nas*	
Geschlechtstheil (männl.)	*lắso* *ijón láhe*	= Schlinge (*lazo*)
(weibl.)	*ā́bale* *ijon palauan*	
geschwind	*sáhĕjau* *tchā́de(k)*	
Geschwister	*tchälo*	
Geschwulst, Geschwür	*pó(g)pog, i pé(g)pog*	
Gesetz	*lái*	(*ley*)
Gespenst	*anī́te*	
Geständniss	*minagắhet*	
gestehen	*magáhe(t)*	= aufrichtig
gestern	*nī́gap*	*n. gi égaān*: g. früh; *n. gi talaā́ne*: g. Mittag; *n. gi pupuenge*: g. Nachmittag; *n. gi pupuenginge*: g. Abend; *n. gi (na) painge*: g. Nacht
gesund	*hómlō*	
Gesundheit	*hinémlō*	
Getränk	*gímen*	= trinken
gewähren	*ósgĕ* *hónggĕ*	 = glauben (zugeben)
gewandt	*makalámia*	
Gewebe	*tinī̄fo(g)*	
Gewehr (Schiess-)	*pắkĕ*	= schiessen
Gewicht	*nimā́ka(t)*	vgl. *mā́kat*: schwer
Gewinn	*ginā́nă*	
gewinnen	*gā́nă*	(*ganar*)

gewöhnen (sich)	*pumằjon*	
(Jmd.)	*fanằgue*	= lehren
Gewohnheit	*pinajon*	
(schlechte)	*pénuga*	
Gift	*hū́na, híhuna*	= giftig
	tằtse	
giftig	*tằtatse*	
Gipfel	*hílo ógso*	
glänzen	*lámlam*	= blitzen
(leuchten)	*mằla(g)*	
glatt	*malằsă*	
	mắh(e)los	
glätten	*na`mắh(e)los*	= hobeln, kämmen
glauben (kirchl. u. weltl.)	*hóngge*	
gläubig	*manhongge*	vgl. *hongge*: glauben
gleich	*hatcháiguă*	
	parĕ́ho	(*parejo*)
gleichen	*umatcháiguă*	
	pumarĕ́ho	
Glocke	*kampā́nā*	(*campana*)
Glück	*fotū́na*	(*fortuna*); = Vermögen
	ginéfsăgă	= Zufriedenheit
glücklich	*géfsăgă*	*gef*: gern; *săgă*: bleiben = zufrieden
	mằgof	= froh
	fĕ́lis	(*feliz*)
	afotunā́o	(*afortunado*); = erfolgreich
Gold	*ṓrō*	(*oro*)
(Geld)	*sălắpe-ṓrō*	
Gott	*juŏs*	(*dios*); *Hesū́s!* mein Gott!
Gotteshaus	*gū́mă-jū́ŏs*	
gottlos (ungläubig)	*timanhóngge*	vgl. *hongge*: glauben; *ti*: nicht
Gouverneur	*măgăláhē*	vgl. *mằgas*: hochstehend; *láhē*: Mann
graben	*manăsā́dă*	(*azada*)
Greis	*ámkō, bíhŏ*	*amko na tautau*: alter Mann
Greisenalter	*niámkŏ, biníhŏ*	
Grenze	*lindĕ́ro*	(*lindero*)
gross	*dánkŭlŏ*	
Grossmutter	*guĕ́la*	(*abuela*) } das einzige mir bekannte Wort, ausser *buída, buído*, in welchem die weibl. Endung *a* des Spanischen zur Unterscheidung beibehalten ist; sonst unterschie-
Grossvater	*guĕ́lo*	(*abuelo*) }

		den durch *-láhe* u. *palánan*. Auch die Adj.-Endung *o* wird beibehalten, z. B. *i palánan bonito*: die schöne Frau
Grundstück	*tā́no*	
grunzen	*ŭmŭ̊mŭmū*	
grüssen	*salū́dă*	(*saludar*)
Guitarre	*belémban* (od. *dándan*)-*tū́jan*	*dándan*: spielen; *tū́jon*: Bauch. Bogen aus Holz mit einer Metallsaite; auf ersterem ist die Hälfte einer Kürbisschale als Resonanzboden befestigt; dieser wird auf den Bauch gesetzt, die Saite mit einem Stab aus Holz angeschlagen, *belémban-tū́jan*
Gulasch	*ginīsa*	(*gozar*)
gültig	*gaibălĕ*	(*valer*)
	gáibitú(*d*)	(*virtud*)
	fitme	= fest
günstig	*maule*(*g*), *fáfamaule*(*g*)	
Gurke	*pepī́nŏ*	(*pepino*)
gut, gütig	*mánle*(*g*)	

H.

Haar	*pū́lŏ, i pī́lŏ*	(v. *pelo*?)
haben	*gai, gaiga, guoha*	
Hahn	*gā́jŏ*	(*gallo*)
Hahnenkampf	*mū́mŏ, i mī́mŏ*	= Kampf allg.
Hai	*hălū́'ŏ*	
Hals	*ăgă'gă'*	dagegen *agā́ya*: roth
halt!	*săgă*	
halten (i. d. Hand)	*tchŭ̊tchŭlĕ*	
(fest-)	*gō̆te, gū́o*(*t*)	
(enthalten)	*ū́la*(*t*), *ómla*(*t*)	
Hammer	*matī́jo*	(*martillo*)
Hand	*kā́nai*	= Arm
Handfläche	*pálma*	(*palma*)
Handschrift	*tinī́ge*	vgl. *tū́ge*: schreiben
handeln (thun)	*tchō̆guĕ, fatī́nas*	
(geschäftl.)	*na'negō̆sio*	(*negocio*)
	kumomé(*t*)*sio*	(*comercio*)
handgemein werden	*embéste*	(*embestir*)
Hanf (Manila-)	*ā̆baka*	dagegen *ā̆păkă*: weiss

hängen (sich schwebend halten)	*umakaláje*	
(e. Gegenstand)	*makäna*	*i retrato makäna gi pate(d)*: das Bild hängt an der Wand; *guaho humakäna i retrato*: ich hänge das Bild auf
(sich)	*niáka máisăguĕ*	
Harke	*painen-bazūla*	(*peine*: Kamm; *basura*: Kehricht)
hart	*mahěto(y)*	
(zähe, auch streng)	*águaguat*	
Hass	*tchinatlí'ĕ*	
hassen	*tchatlí'ĕ*	*tchat*: nicht, ungern; *lie*: sehen
hässlich	*tchatpăgŏ*	vgl. *păgo*
hauen s. schlagen		
häufig	*íjon-mégai*	= deren viele
Haus	*gŭmă, i gímă*	
Hausjunge	*tenătyo*	vgl. *tágo*: befehlen
Hausthier	*manso-na-gă'gă'*	(*manso*)
Haut	*lásas*	= Fell
heftig	*fěhěman*	(*vehemente*)
heil	*măh'gong*	= still
(heilen)	*mătchum*	= Untergehen der Sonne, also hier: der Schmerz hat sich gelegt
heilbar	*amtíon*	
heilen (kuriren)	*ámte*	vgl. *aámte*: Arzt
	na'măh(e)gong	
Heilung (Kur)	*niámte*	
heimisch	*-tăno*	als Nachwort; vgl. *tăno*: Insel; *ijotăno* v. Pflanzen; *guakautăno*: heimisches Rindvieh, z. B. *i guaka guakautăno gi Tinian*: das Rind ist in Tinian heimisch; *tautautăno*: *guaho tautautăno Alemania*: ich bin in Deutschland zu Hause
Heirath	*umásagua*	dagegen *umasăgua*: Ehe, verheirathet
heirathen	*manaásagua*	
(sich ver-)	*umásagua*	
heiss	*máipĕ*	
heissen (benennen)	*nafanăan*	vgl. *năan*: Name
(befehlen)	*nahăne*	
(sich nennen)	*năan*	*hádie naăn-mo*: wie heisst du? (wie dein Name?); *naăn-ho Hosé*: ich heisse Joseph

helfen	*ajū́da*	(*ayudar*)
(ablösen)	*tā́guĭ*	
hell (licht)	*manā́na*	= es tagt (v. *mañana*? kaum!; wohl derselbe Stamm wie in *haā́ne*: Tag, also *man*: machen, *haā́ne*: Tag
(klar, v. Wasser)	*náuan*	
Hemd	*tchiníně*	
Henne	*mā́no*(*k*)	
her	*mā́gĕ*	*guíne-mā́gĕ*: hierher
herabkommen	*tū́nog, tumū́no*(*g*)	
(bis auf d. Erde)		
(nicht ganz, nur tiefer)	*la'tpăpă*	
herabspringen	*tájo*(*g*)	
herausfordern (zum Kampf)	*hásse*	
herauskommen	*humū́jung*	vgl. *san hī́jang*: draussen
herausthun	*na'hujung*	
herbe	*kā́hale*(*t*)	= sauer
	malā́e(*t*)	= bitter
herbeibringen	*tchū́lĕ-mā́gĕ*	
herbeirufen	*ā́gang, agánge*	
Herde	*inĕ*(*t*)*non-gă'gă'*	vgl. *na'é*(*t*)*non*: sammeln; *gă'gă'*: Thier
herein	*hálum, gi hálum*	*hálum!* herein!
hereinrufen	*na'hálum*	
herrlich	*gā́dbo*	
	mā́gas	
herrschen	*rū́mai*	(*rey*); vgl. *rai*: König; *-um-* selbst, nicht etwa vom malayischen *ruma* (aus welchem *guma* geworden); *r* kommt nur in spanischen Wörtern vor.
herunterlassen	*látpăpă, na'látpăpă*	
Herz	*korasón*	(*corazon*)
(Seele)	*ánte*	
heulen (v. Hund)	*tángis, tumángis*	= weinen
heute	*pā́go*	= jetzt; *pā́go na haā́ne*: heute im Lauf des Tages; *i painge*: heute Nacht
Hiebe	*galotáso*	(*garrotazo*)
hier	*guíně*	*guíne-gui*: hier ist er
	ā́jin	*ā́jin-jo*: hier bin ich!
hierher	*guíně-mā́gĕ*	
	gíne-mā́ge	
Himmel	*lángi*(*t*)	

hinauf	*hílo, gi san hílo*	vgl. *ūlō*: Kopf, *i ílō*
hinaufsteigen	*kahūlo, kumahūlo*	vgl. *gi hílo*
hinaus	*híjung*	
hinausgehen	*humūjung*	
hinausweisen	*na'hūjung*	
hindern	*tchōmă*	
	estóthă	(*estorbar*)
Hinderniss	*inestóthă*	
hinein	*hålum*	
hinfällig	*habásnag*	(*básnag*)
hinken	*kumḗjau*	
hinsetzen (etwas)	*na'fatắtchong*	= Jemand zum Sitzen einladen
(sich)	*matắtchong*	
hinten	*san táte*	
Hinterer	*dágan*	
	pūdos, i pídos	
hinterlassen (Erbe)	*hadíngo*	vgl. *díngo*: verlassen
Hirsch	*bĕnắdo*	(*venado*)
Hitze	*minaípe*	vgl. *maipe*: heiss
hobeln	*na'máh(e)los*	= glätten
hoch (örtl.)	*lŏkă*	
(bildl.)	*tagắh(e)lo*	
	mắgas	
hochmüthig	*banidṓso*	(*vanidoso*)
Hoden	*dắmo(t)*	
hoffen	*angóko*	
	nángga	= warten
Hoffnung	*ninangga*	
hohl	*mắdo(k)*	
	ngūlo	= durchlocht
Höhle	*nginílo*	
	minắdo(k)	
	líjang	
holen	*alígau*	
Holz (Bau-)	*madéras*	(*madera*)
(Brenn-)	*hấio*	
hörbar	*hungūkon*	
horchen	*ĕkungu(k)*	
hören	*húngu(k)*	
Horizont	*oríjan-tắno*	(*orilla*); *tắno* Ende
	oríjan-tase	*tắse*: Meer
	oríjan-lángi(t)	*lángi(t)*: Himmel
Hose	*katsūnes*	(*calzones*)
hübsch	*gắdbō*	
	sắmai	
Huhn	*mắno(k)*	

Hülfe	*inajūda*	(*ayudar*)
	ausílio	(*auxilio*) = zur Hülfe!
Hund	*galågo*	vgl. *ga'ga'*: Thier; *lågo*: Westen
(fliegender)	*fani'e*	
hundert	*siénto*	(*ciento*); das Chamorro-Wort ist vergessen, wie auch fast die übrigen Zahlen, an deren Stelle die spanischen üblich sind. Doch bestand sicher ein Wort für 100, 1000 u. s. w., da sie das (wohl malayische) Zehnersystem besassen.
Hundertfüssler	*salíyan*	
Hunger	*njinālang*	
hungerig	*niālang*	
hurtig	*makalǎmia, falågo!*	
husten	*lōlŏ'*	
Hut	*túhong*	vgl. *tiníhong*: den Kopf bedecken
Hutmacher (d. h. -Flechter)	*titufo(g)-tūhong*	
hüten	*pūlan, mamūlan*	
(sich)	*adǎhē*	

I.

ich	*guáho, -jo*	*guáho dĕkiki* = *dĕkiki-jō*: ich bin klein
(Conj.-Vorsilbe)	*hu-*	*guáho hulĭ'ĕ*
ihr (von Pers.)	*hämio, -häm*	*hämio onlie* = *onlíe-häm*
(Conj.-Vorsilbe)	*on-*	
(Poss., allgem.)	*-ia* bez. *-nia*	*pátgonia, tatania*
(von Thieren)	*gania*	*gania na kabáju* = *kabajunía*
von Sachen)	*ijonia*	*ijonia na säsä* = *säsänia*
immer	*nína*	
	ǎna, ánha	*ǎna táilaje hau!* du bist immer unartig!
in	*gĭ, gĭhålum*	
Indigopflanze	*angíles*	
innerhalb	*san hålum*	
Insel	*tǎno*	
irdisch	*ijontǎno*	= heimisch
irgend ein	*kuatkiéraha*	(*cualquier*)
	masséa hådie na tautau	
irren (sich)	*lǎtche, lumǎtche*	
Irrthum	*linǎtche*	

J.

ja	*húnggan, hū́ŏ'* *húunai*	
jagen (allgemein)	*humā́lum-tā́no*	vgl. *hālum-tā́no* = Wald, Inneres der Insel
(Schweine)	*bumā́bui*	vgl. *bā́bui*: Schwein
(flieg. Hunde)	*éfnĭĕ*	vgl. *fanĭ'e*: fliegender Hund
Jäger	*kasadū́les*	(*cazador*)
Jahr	*sákan*	*maes-sákan*: Haupternte d. Mais
Jahreszeit	*tempora, gi sákan*	
jähzornig	*halaldlo*	(*laldlo*)
Jeder	*kā́dă*	(*cada*)
Jedermann	*tṓdo na táutau*	(*todo*)
je mehr — desto mehr	*lámegai — lámegai* *mégai — mégai*	vgl. *mégai*: viel
jener	*ĕnau*	
(mir fern, dir nahe)		
(uns Beiden fern)	*ā́jo, úhē, júhē*	
jenseits	*etchóngnia* *gi otro bánda*	dagegen *na-e*: diesseits
jetzt	*pāgo*	= heute
Jugend	*pinátgon*	vgl. *pátgon*: Kind
jung	*pátgon, pā́go*	*pā́go-kinahū́lo*: klein (v. Wuchs)

K.

Kaffee	*kafĕ*	auch: Kaffee trinken; *takafĕ́*: wir trinken Kaffee
Käfig	*tángkat*	
kahl	*dá(g)nas*	
Kahlheit	*diná(g)nas*	
Kahn	*galáitĕ*	
Kakerlak	*apajúha(t)*	
Kalk (gebrannt)	*áfo(g)*	*mamaā́fog*: sich in Kalk verwandeln
(gelöscht)	*másmai*	
Kalk brennen	*humo(t)uo*	
kalt	*manéngheng*	= backen; (*horno*)
Kälte	*minanéngheng*	
Kamm	*paine*	(*peine*)
kämmen	*na'mdh(e)los*	= glätten
Kampf	*minímo* *mū́mo, i mímo*	vgl. *mūmo*
kämpfen	*mū́mo*	
Kapitän	*kapítan*	(*capitan*)
Karoliner	*tautau gi pā́lau*	
Katze	*gā́to*	(*gato*)
kauen	*ngángas*	

Kauf	*fináhan*	auch der Gegenstand des Kaufs
kaufen	*fáhau*	
kehren	*sáusau, lampáso*	
Kehricht	*odda, i edda*	
	fátchĕ	
kein	*tā́ia*	
kennen	*túngo*	
Kenntniss	*tiníngo*	
kentern (nur 3. Prs.)	*umátlĭ́bes*	(*al reves*)
	mapū́ha	
— und sinken	*manjógnjog*	
keuchen	*gŭ́hă*	
keusch	*gásgas*	
	taimájŭmă	= unberührt
Kind	*pátgon*	Plur. *i pátgon siha* und (bes. in der Bedeutung von »Schulkinder«) *i fomagū́on*
Kindheit	*pinátgon*	
Kinn	*átchai*	
Kirche	*gū́ma-jū́os*	
kitzeln	*kadū́da(k)*	
Klage	*finaáila*	
klagen (an-)	*fáaila*	
(seufzen)	*umū́gong*	
(laut)	*tángse*	
(sich be-)	*kumĕ́ha*	(*quejarse*)
klar (licht)	*manā́na*	= hell
(durchsichtig)	*náuau*	
Klaue	*pắpăkes*	
kleiden (Jmd.)	*na'minagågo*	vgl. *magågo*: Kleid
(sich)	*minagågo*	*inā́tulong*: sich in Schwarz kleiden; *kinatsū́nes*: die Hosen anziehen; *inaníjo*: den Ring anlegen
Kleidung	*magågo*	auch Kleiderstoff
klein	*dĕ́kĭkī*	
(von Wuchs)	*pā́go-kinahū́lo*	
klettern	*féddos*	(Saipan)
	faulúlos	(Rota)
klimmen	*hódde*	
klingeln (einmal)	*díndin*	
(mehrmals)	*dilíndin*	
klingen (einmal)	*díngding*	
(mehrmals)	*dilíngding*	
(unpersönl.)	*sumṓnia*	
klug	*méh(e)nalong*	
	ētiníngo	

Knie	*tṓmŏ, i tĕ́mŏ*	
Knochen	*tṓlang, i tĕ́lang*	
Knopf	*batūnes*	(*boton*)
Knoten	*njū́don-láso*	(*nudo, lazo*)
kochen (Intrans.)	*lóklok*	*i hā́num lóklok*: das Wasser kocht
(Thätigkeit des Kochs)	*mă'mătínas*	
(für den Tisch sorgen)	*na'mā́sa*	(*mesa*)
Kochtopf	*laū́ja*	(*la olla*)
Köder	*katnā́dă*	(*carnada*)
Kohle (Holz-)	*pínĭgan*	
Kokosnuss	*dáde(k)*	
(ganz klein)		
(klein u. unreif)	*áplo(k)*	
(halbreif)	*mánha*	zum Trinken
(dreiviertelreif)	*masū́n*	zum Trinken und Essen
(reif)	*níjo(g)*	zur Kopabereitung
Kokospflanzung	*fanijū́kan*	vgl. *níjok*
kommen	*máilă, mámaila*	
(von)	*gine*	auch (= *hágas*) zur Bildung des Präterit.; *gine makostítigahau*: du bist gestraft worden
König	*rai*	(*rey*)
können	*siniă*	
(wissen)	*tíngo*	
Kopf	*ū́lō, i ílō*	
Kopflaus	*lódsa, i ledsa*	
Kopfweh	*malínekūlō*	
Koralle	*kaláton*	
	kalā'ŏ	
	gáfan	
	étses	
Korallenkette	*kolā́les*	(*coral*); aus der rothen Edelkoralle, die hier nicht vorkommt
Korb	*balágbag*	Jeder Chamorro, der in den Wald geht, führt einen etwa 35 cm langen Beutel aus geflochtenem Pandamus mit, dessen Öffnung mit einer Schnur zusammengezogen wird und in welchem er seine Tageszehrung aufbewahrt (*kóstat-tengguang*).
(aus Pandanus)		
(flach)	*kódot, i kĕ́dot*	
(einf. Palmblatt)	*ā́lă*	
(Brotkorb)	*kóstat*	
Körper (Rumpf)	*tatáutau*	vgl. *tautau*: Mann
kostbar	*guā́guan*	= theuer

kosten (im Laden)	*bále, balénia*	(*valer*); dagegen *bā́le*: sagen
(nach d. Kauf)	*kósta*	(*costar*)
(versuchen)	*tchā́gĕ*	
	támtam	
Kraft	*minétgo(t)*	
kräftig	*métgo(t)*	
(wirksam)	*gái-bĭtu(d)*	(*virtud*)
	fótte	(*fuerte*)
krähen	*umṓ'ŏ*	
krank (allgemein)	*malángo*	
(verwundet)	*tchetnū́don*	
Krankenhaus	*gū́ma-manmalángo*	
Krankheit (Wunde)	*tchétno(t)*	
kratzen (sich)	*kásas, mangásas*	
(scheuern)	*kā́ko*	
Krebs (Meer-)	*pánglau*	
(Kokos-)	*ajū́jŏ*	
Kreiselspiel	*tolómpo*	(*trompo*)
Kreuz	*kulū́os, i kilū́os*	(*cruz*)
(am Körper)	*ā́tajo*	
Krieg	*minímo*	vgl. *mū́mo*: kämpfen
Krug	*tináha*	(*tinaja*)
krumm	*éklau*	
	guá'om	
	étchong	= schlimm
Krümmung	*inéklau*	
Küche	*kosínă, i kisínă*	(*cocina*)
Kuchen	*brṓas*	(*broa*)
Kuh	*palauan na gudka*	span. *vaca* erhält die allgemeine Bedeutung v. Rind; zur Unterscheidung des Geschlechts; *palauan na gudka*: Kuh; *lahe na gudka*: Stier
kühl	*manéngheng*	
kühn	*matátnga*	
	taiániau	vgl. *máaniau*: fürchten
Kühnheit	*minatátnga*	
kümmern (sich)	*pū́lan, adahe*	
kundig	*fā́je*	
künftig	*mámaila*	vgl. *maila*: kommen; dient auch zur Bildung des Fut.; *mámaila hágo onlíe*: du wirst sehen
(n. längerer Zeit)	*laámam*	
(n. kürzerer Zeit)	*tiámam*	
Kupfer	*kṓble, i kéble*	(*cobre*)
(Geld)	*salápe agā́ga*	*salape*: Geld; *agā́ga*: roth.
Kürbis	*kalamása*	(*calabaza*)

kurz	*kåtåtă*	
(unzulänglich)	*titinăga, timanăga*	
kurzsichtig	*tchátmata*	vgl. *máta*: Auge; *tchat*: schlecht
küssen	*tchígŏ*	= riechen. Der Chamorro küsst nicht mit den Lippen, sondern mit der Nase, die er auf die Wange oder Hand drückt und mit der er, wie beim Riechen, Luft einzieht.
(Kuss der Liebe)		
(ehrfürchtig)	*ngíuge*	

L.

lachen	*tchăle(k)*	
lächeln	*tchălek hålum*	vgl. *hålum*: innerlich
laden	*ká(t)ga*	(*cargar*)
(Gewehr, Wagen)		
(auf die Schulter)	*apagáie*	vgl. *apăga*: Schulter
	ŭma	
Lagune	*hăgói*	
lahm	*njanjăting*	
Lampe	*kándi(t)*	(*candela*); Licht allg., auch Kerze
landen (m. d. Boot)	*hădăgam*	
Landmann	*guăguălŏ*	
Landungsbrücke	*pantalăn*	
lang	*anăko*	
lange	*ámam*	
Langeweile	*iné'son*	vgl. *ŏson*: überdrüssig
langsam	*ékaha(t), mékaha(t)*	
(mässig)	*templão*	(*templado*)
Lanze	*tógtcha, i tégtcha*	
	gŭgot hålum	Die Lanze der Alten mit e. zugespitzten Menschenknochen
lassen (zulassen)	*ósge*	
(befehlen)	*na'fatinas*	
Laster	*pénnga*	
(Angewohnheit)		
(schlimme Gewohnheit)	*tchinatpénnga*	
(Schlechtigkeit)	*tináilaje*	vgl. *táilaje*: schlecht
lasterhaft	*tchatpénnga*	*tchat*: schlecht; *peunga*: Gewohnheit
	bisiŏso	(*vicioso*)
lauwarm	*tchátmaipe*	*tchat*: schlecht; *maipe*: heiss
laufen	*malågo, falågo*	dagegen *malăgo*: wollen
Läufer, Bote	*falálago*	
Laus	*hŭto, i híto*	
lausig	*mihíto*	
laut	*tagáh(e)lo*	= hochstehend

läuten	*dándan*	
	sumóina	
Leben	*linā'lă*	= Wachsthum
leben	*lumā'lă*	
lebendig	*lā'lă*	
leck	*sū́mä'*	
lecken (m. d. Zunge)	*hṓba*	(Saipan)
	hṓfla(g)	(Rota)
Leder	*tinī́mo*	vgl. *tū́mo*: gerben
leer	*mā́do(k)*	= hohl
leeren	*basī́ha*	(*vaciar*)
	tchū́dă	
legen	*pṓlŏ*	
(sich)	*ā́sun*	
(Ei)	*maniā́dă*	vgl. *tcháda*: Ei; *i manok ufaniā́da*: das Huhn legt
Leguan	*hilī́tai*	
Lehm	*fátchĕ*	= Strassenschmutz
lehren	*fānā́guĕ*	
	na'tungo	vgl. *tungo*: wissen; *na'*-: machen
Lehrer	*maéstro*	(*maestro*)
leicht (v. Gewicht)	*njáh(e)lalang*	
(unschwer)	*timā́pot*	vgl. *mā́pot*: schwierig
leiden (erlauben)	*osge, petmíte*	(*permitir*)
(erdulden)	*sā́pit, súngon*	
	tchū́ot	
Leiden (besonders Leiden Christi)	*minā́pot*	vgl. *mā́pot*: schwer
Leidenschaft	*linalålo*	vgl. *lalålo*: zornig
Leine	*kod'dét*	(Saipan); (*cordel*)
	palågon	(Rota)
lenken	*na'tū́nas*	vgl. *tū́nas*: gerade
	gobiétnă	(*gobernar*)
lernen	*umḗja(k)*	vgl. *ḗja(k)*: nachahmen
lesen	*monáitai*	= beten
Letzte, der	*jatátĕtĕ, úttimo*	*úttimo na puenge*: die letzte Nacht
letzte Mal, das	*jatátete na biåhe*	
leuchten	*mā́la(k)*	= scheinen
leugnen	*pū́nē*	
Licht (Kerze)	*kándit*	(*candela*)
(Helle)	*manā́na*	
	inī́na	
Liebe (geschlechtl.)	*giniflī́'ĕ*	
	ginḗfguaia	

lieben (geschlechtl.)	*goflie, umagoflie* *géfguaia*	vgl. *gef-*, *gof-*: gern, sehr
(freundsch.)	*gaiābo(k)*, *umābo(k)*	vgl. *ābo(k)*: Freund
(schätzen)	*giflāmen*, *goflāmen*	
liegen	*gáige*	
(sich befinden)		
(auf der Seite)	*umaāsun*	vgl. *āsun*: sich legen
(auf d. Rücken)	*tumóto*	
Limonade	(*limonāda*)	Limonade trinken oder bereiten: *luminonāda*
Lineal	*regla*	(*regla*)
linkisch	*gasumalamánka*	
links	*ākaguĕ*	
Lob	*tininā*	
loben	*tūnā*	
Loch	*mādo(k)*	= Höhle
(Öffnung)	*nginīlo*	
locken	*épo(g)*	
Löffel	*kutchālă*, *i kitchālă*	(*cuchara*)
lose (wackelnd)	*kālo*	
loosen	*sotéa* *rīfă*	(*sortear*) (*rifa*)
loslassen	*sótta* *pūlă*	(*soltar*)
Lüge	*dināge*, *dinākun*	
lügen	*dāge* *pådag-dāge*	(Saipan); vgl. *dåkun*: falsch (Rota)
Lügner	*dåkun*	
Lunge	*gŏfes*, *i gĕfes*	(*bofes?*)

M.

machen	*fatinas* *tchōgue*	
mächtig	*na'sinia*	
mager	*kāla(g)* *dālalai*, *dinālalai*	
mahlen	*gūle(g)*	
mahnen	*pågat*, *famāgat*	
Mais	*māes*	
mal	*biáhe*	(*viaje*); zweimal: *dos biáhe* u.s.w.; einmal: *pāgohá* und *un biáhe*
man (Conj.-Vors.)	*ma-* (Sing.) *manma-* (Plur.)	*masásangan*: man sagt; *matchūli*: man bringt *manmasásangan*: man sagt; *manmatchūle*: man bringt

Mangel	*dinídidi*	
	háilas	Nahrungsmangel
mangeln	*hásan, humásan*	
(unpersönl.)	*tā́ia, tumā́ia*	es fehlt an Leuten: *taia tautau*
Mango	*mángga*	
Mann	*táutau*	
(= männlich)	*láhe*	
Mannesalter (17—25 Jahre)	*lináhe*	auch: Geschlechtsverkehr
(26—50 Jahre)	*tiámko*	*ti*: nicht; *ámko*: alt
marschiren	*mamókat*	vgl. *ékahat*: langsam; = spazieren
marsch!	*hā́nan*	
mässig	*ékahat, umékahat*	
	templā́o	(*templado*)
Mässigkeit	*tinemplā́o*	
Mastbaum	*palon-lā́ja(k)*	(*palo*); *lā́jak*: Segel
mästen	*na'jómok*	
Matte	*guā'fa(g)*	
(Schlaf-)	*petáte*	
Mauer	*pā́te(t)*	(*pared*)
Maul	*bátcho(t)*	
Meer	*tā́sē*	
mehr	*megáinia, lámegai*	vgl. *mégai*: viel; *nia* bez. *ia* ist die Compar.-Endg.; Vorsilbe: *la-*; *lámegai* = *megáinia*
mein (v. Sachen)	*ijóko*	*ijóko na salápe* = *salapého*: mein Geld
(v. Thieren)	*gáho*	*gáho na mánok* = *manókho*: mein Huhn
(allg.)	*-ho, ko*	*nānā́ho*: meine Mutter
		Plur. *ijóko na säsä siha* = *säsäho siha*: meine Messer
meinen	*nango*	*onango*: du meinst
	hásso, hinasso	*hinassóko*: ich meine
	pinēlo	(v. *polo*); *pinelonmio*: ihr meint
Meinung	*hinasū́je*	vgl. *hasū́je*: beabsichtigen; *hasso*: denken
Meissel	*eskóplo*	(*escoplo*)
melden	*na'tungo*	vgl. *tungo*: wissen; *na'-*: machen
	sangā́ne	= sagen
	ālo(g)	
melken	*fógse i letche*	(*leche*)
mengen	*na'dánia*	
	na'étnon	= sammeln
	na'líguan	(alt)
Mensch	*táutau*	

messen	*mídĕ*	(*medir*)
Messer	*säsä*	
Meuchelmord	*pũno pot traisión*	*pũno*: morden; (*por traicion*)
miethen	*adkílă*	(*alquilar*)
Milch	*tchũgŭ-súsŭ* *i tchígŭ-súsu*	vgl. *tchũgo*: Saft; *súsu, i sísu* die Mutterbrust; *tchũgo-níjo(k)*: Kokosmilch
missmuthig	*lalâlo*	= zornig
Mist	*táke*	z. B. *táke guáka*: Kuhmist
misstrauen	*tchat fanángoko*	*tchat*: schlecht; *fan-*: machen; *angoko*: vertrauen
mit	*gija, jan*	*mámaila gijagni*: gehen mit ihm
Mitleid	*minăăse*	
mitleidig	*jŏăse*	
Mittag	*taloăne*	
Mittags (v. 11 bis 2 Uhr)	*gi(i)taloăne*	
Mitternachts (v. 11 bis 2 Uhr)	*tatălopuenge*	
Mitte	*tălo*	
mittels	*nu, na*	*hubăba i petta nu* (*na*) *i jăbe*: ich öffne die Thür mittels des Schlüssels
mittheilen	*sángan, sangane* *na tungo* *ålo(g)*	= sagen
Mittheilung	*notísia* *kátta* *finaisen*	(*noticia*) = Brief (*carta*) = Frage (vgl. *faisen*)
Mittwoch	*miétkoles*	(*miercoles*)
Möbel	*guináhan-guma*	vgl. *guáha*: vorhanden; *guináha*: allerlei
mögen	*malăgo*	dagegen *malågo*: fliehen
möglich	*síniă*	
Mond	*pũlan, i pílan*	
Montag	*lũnes*	(*lunes*)
Mord	*finăilaje piníno*	
morden	*failăje pumũno*	
(meuchlerisch)	*pũno pot traisión*	(*por traicion*)
Mörder	*mamũno*	
Morgen (v. 6—8 Uhr)	*ŏgaan, i égaan*	
(v. 2—6 Uhr)	*tchatánmak* *kanamanánana*	
(v. 8—11 Uhr)	*lataloăne*	= Vormittag
morgen	*ăgũpa*	
Morgens	*gi égaan* u. s. w.	

Mörtel	*linítĕ*	
Mücke	*njā́mo*	
Mückennetz	*kā́bejon*	(*capillo*)
müde (v. d. Arbeit)	*njā́jas*	
	máh'gef	
(überdrüssig)	*na'ŏson*	
Müdigkeit	*njinā́jas*	
	minā́h'gef	
Mühe	*minápo(t)*	= Leiden
	sinápit	= Strafe
mühsam	*mā́pot*	
	mákat	= schwer
Mund	*bátchot*	
Mundharmonika	*belembau-bátchot*	Aus einem kl. Stück Bambus, in welches eine vibrirende Zunge eingeschnitten ist; wird auf den halb geöffneten Mund gelegt, der als Resonanz dient, die Zunge des Instruments mit dem Finger angeschlagen.
murren	*góngygong*	= brummen
mürrisch	*malā́ju*	= dürr, trocken
	taklā́io	
Muschel	*pā́gan*	Jede hat ihren besond. Namen.
	ámson	
(allg.)	*karakól*	(*caracol*)
müssen	*dī́bĕ*	(*deber*)
Muster	*finanū́e*	vgl. *fanū́e*: zeigen
müssig	*tai tchĕ'tchŏ'*	*tai*: nicht; *tchĕ'tchŏ'*: Arbeit
Muth	*minatátuga*	
muthig	*matátnga*	
Mutter	*nā́nă*	
Mutterbrust	*súsu, i sisu*	an der M. trinken: *sumusúsu*

N.

na! nanu!	*nīhe!*	
Nabel	*apū́ja*	
nach (Richtung)	*para*	(*para*)
(gemäss)	*pot*	*pot i ginaydho*: nach meinem Wunsch
nachahmen	*dúlalak, dulaláke éja(k)*	
nachdem	*nai mágpo, ā́jin mon-hdjan*	(wörtl.: dieses fertig); *nai mágpo i tólai, tatchŏgue i tchalan*: wenn die Brücke fertig ist, bauen wir den Weg

nachher	*lắmŏnă*	
nachlassen (Vermögen)	*hadingo*	
Nachkommen	*tắtătĕ, manắtătĕ*	
	famagũon	auch: Weiber
Nachmittag (v. 2 bis 6 Uhr)	*pupuenge*	
Nachricht	*kátta*	(*carta*)
nachsehen (beaufsichtigen)	*ădúhē*	
	atitúje	
Nacht	*puénge, páinge*	
(v. 8—11 Uhr)		
(v. 11—2 Uhr)	*tatắlopuenge*	= Mitternacht
(v. 2 — 6 Uhr)	*tchatánmak*	
Nachts	*gi painge* u. s. w.	
nackt	*kisnũda*	(*desnudo*)
	taitáho(g)	
	taimagågo	vgl. *magågo*: Kleidung
Nadel	*hagǘha*	(*aguja*)
Nagel (Drahtstift)	*lǘlo(g), i lílog*	= Eisen
(Finger-)	*păpăkes*	
nageln	*lulúke*	
nahe	*híhot*, Plur. *maníhot*	
nähen	*láksĕ*	
nähern (sich)	*humíhot*	
nähren (sich)	*tchumótcho*	vgl. *tchótcho*: essen
Nahrung	*néngkănō*	
Nahrungsmangel	*háilas*	
Name	*nắan*	
Narbe	*ámasuan*	
Nase	*guíeng*	
nass	*fótgon*	
Nebel	*ásgon*	
nehmen (an-)	*tcháhĕlau*	= auffangen
	ǘhŏ	= aufbewahren; *úoho!* da! nimm!
(weg-)	*tchǖle*	
Neid	*embídia*	(*envidia*)
neidisch	*lág'ga*	= geizig
nein	*ahē*	
nennen	*fanắan*	*fa*-: machen; *nắan*: Name
Nerven	*gǖga(t), i gíga(t)*	= Ader
Nest	*tchóntchon, i tchíntchon*	
Netz	*lắgua*	vgl. *fanelắguan*: Fenster
neu	*nuébo*	(*nuevo*)
	păgo tchinắlek	v. Früchten, Blättern

neugierig	*gauméjak*	vgl. *uméja(k)*: lernen
neun	*sígua*	
neunte, der	*sígujai*	
neunzig	*sīgua nga mao(t)not*	
nicht	*ti*	
	tchā́mo, tchamío u. s. w.	lat. *ne*, *nōli*: mit Part. Präs.; *tchamío gumígimen*: sie sollen nicht trinken
	munga	lat. *ne*, *nōli*: (schwächer als *tchā́mo*), mit Inf.; *munga homio gumímen*: o trinket nicht
nicht nur – sondern auch	*tiénau há – tiguíe há*	
	tiénau há – sino lókue	*tiénau ha njating, sino lokue saki*: er ist nicht nur ein Faulenzer, sondern auch ein Dieb
	tihá – tihá	
nichts	*táia*	
nichtswürdig	*ingínon*	
niederlassen (sich)	*rumádikao*	(*radicarse*)
	manā́no	vgl. *tā́no*: Grundstück
niedrig	*épăpă, tágpăpă*	
(gemein)	*áplatcha*	
	láhăjăjă	
niemals	*tā́iandi*	
Niemand	*táiatá, ni ū́no*	(*ninguno*)
nirgends	*nimā́no*	
Njame	*dágo*	
noch nicht	*trabía, áhē trabia*	(*todavia*)
Norden	*san kátan*	
Noth (Armuth)	*pinéble*	
nöthig	*guáilăjĕ, nesesita*	(es ist nöthig)
Nothwendigkeit	*nesesíta*	(*necesitad*)
nüchtern	*táibĭsĭŏ*	(*vicio*)
nur	*maisa*	*má maisahá, un maisa, uno há*: nur einer; *guá guaho-há, guaho na maisa*: nur ich; *guia na maisa*: nur er; aber: *dos-há*: nur zwei; *este-há*: nur dies; *un guaka-há*: nur ein Rind; *hágo-há*: nur du; *hita-há*: nur wir
	-há	
Nutzen	*guináilăjĕ*	
nützen	*gumoáilaje*	
nützlich	*guáilaje*	
nutzlos	*táilaje*	= schlecht
Nutzpflanze	*tinā́num*	vgl. *tā́no*: Feld, Acker

O.

o!	*ai! ádalau!*	
ob	*kau*	*ufaisen kau mápos*: er fragt, ob er fort ist
oben	*san hílo, gi hílo, ja hūlo*	
Oberschenkel	*tchátchaga*	
obgleich	*ádjuka*	
Obhut (Protection), unter der O. von	*as*	Abl. von *si*, Artikel vor Personenbezeichnungen
oder	*pát*	
Ofen (Back- und Ziegel-)	*hótno*	(*horno*)
öffnen	*bắbă*	dagegen *bắbă*: dumm; *bă'bă'*: durchprügeln
oft	*säsō*	
oftmals	*säso na biáhe*	
ohne	*sin*	(*sin*)
Ohnmacht, ohnmächtig	*lalángo*	
Ohr	*talánga*	
ohrfeigen	*déska, patmắda*	(*palmada*)
Öl	*länia*	
Orange	*kahé(t)*	
(bittere)	*lalánga*	(*naranja*)
ordnen	*famánleg, fáfamanleg*	vgl. *manleg*: gut
	famánlike	
Ordnung	*inaregla*	(*arreglar*)
	o(t)'den	(*orden*)
Osten	*san háia*	

P.

Paar (gerade Zahl)	*pắres*	(*par*)
(ungerade Zahl)	*nōnes*	
Pandanus	*káfo*	
Pantoffel	*tchankletas*	(*chancleta*)
Papier	*papé(t)*	(*papel*)
Peitsche	*lắtigo*	(*latigo*)
(aus gefl. Leder)	*kuáta*	
Perle	*pe(t)las*	(*perla*)
Pfad	*kájĕhon*	(*callejon*)
Pfeffer	*dōne*	
Pfeife (Tabaks-)	*tchigándo*	vgl. *tchigālo* (*cigarro*)
(Signal-)	*bíbek*	

pfeifen (m. d. Pfeife)	*bumíbek*	
(m. d. Munde)	*tchéflă*	(*chiflar*)
Pfeil	*saita*	(*saeta*)
	flétcha	(*flecha*)
Pferd	*kabáju*	(*caballo*)
pfiffig	*la'mon*	
Pflanze	*tchắguan*	= Strauch
(Nutz-)	*tinắnum*	
pflanzen	*tánme, tắnum*	vgl. *tắno*: Erde
Pflanzung (der Acker)	*guắlo*	
(d. bestellte Feld)	*fangualúan*	z. B. *fangualúan kakao*: das mit Kakao bestellte Feld
pflegen	*púlan, mamúlan*	
	adắhĕ	= Acht geben
Pflicht	*péka*	= Amt
Pflug	*alắdo*	(*arodo*); hier unbekannt
pflügen	*alắdo, manắlado*	
pfui!	*pú!*	
pissen	*mä'mä'*	
Plage	*sniápit*	vgl. *sắpit*: bestrafen
plätten (Wäsche)	*átbidon*	(*almidon*)
plündern	*tchulḗguan*	vgl. *tchúle*: holen
	sakáiguan	(*saquear*); vgl. *sáki*: stehlen
Pocken	*betguélas*	(*viruelas*)
Pracht	*minắgas*	
prächtig	*mágas*	
prahlen	*túnan-maisa*	vgl. *túna*: loben; *maisa*: sich
	bumanidṓso	(*vanidoso*)
Preis	*prḗsio*	(*precio*)
preisen	*túnă*	
Priester	*pắle, kúră*	(*padre, cura*)
Probe	*tchinắge*	vgl. *tchắge*: prüfen
(Muster)	*fina'nue*	vgl. *fanúe*: zeigen
prüfen	*tchắge*	
Prügel (Stock-)	*galúte, hắio*	(*garrote*)
(Hiebe)	*galotáso*	(*garrotazo*)
prügeln	*sáula(g), pắna(g)*	
	bă'ba', kastḗgă	
Pulver	*pótbola, i pétbola*	(*polvora*)

Q.

quälen	*masápit*	vgl. *sápit*: leiden
Quelle	*bṓbŏ, i bḗbŏ*	(v. *beber*??); dagegen *bṓbŏ*: ausspucken

Quelle	*tutúhon-sadok*	vgl. *tutúhon*: anfangen; *sadok*: Fluss
	matan-hǎnum	vgl. *máta*: Auge; *hǎnum*: Wasser
quer	*kámden*, Plur. *mangámden*	= bŏse
	umenkrūs	(*cruz*)
Quittung	*rinesíbĕ*	(*recibir*)

R.

Rabe	*âgă*	kommt nur auf Rota vor
rächen	*émo(g)*	
Rad	*ruéda*	(*rueda*)
Rand	*oríja*	(*orilla*)
rasiren	*fanbátbas*	(port. *facerabarba*)
Rath	*pinăgat*	vgl. *pâgat*: ermahnen
	konsĕho	(*consejo*)
rathen	*pâgat*	= ermahnen
Ratte	*tchăgă*	
Raub	*inămot*	
rauben	*ámot*	dagegen *ămot*: Arzenei
	tchuléguan	vgl. *tchūle*: holen
	sakáiguan	vgl. *sáki*: stehlen (*saquear*)
Räuber	*sake*, Plur. *manjáke*	
Rauch	*ǎso*	
rauchen (v. Feuer)	*umǎso, ásgue*	
(Tabak)	*tchūpa, tchumúpa*	(*chupar*)
Raupe	*ūlŏ-abǎbang*	vgl. *ūlŏ*: Wurm; *abǎbang*: Schmetterling
Rechen	*painen-basūla*	vgl. *paine*: Kamm (*peine*); Kehricht (*basura*)
rechnen	*kumuéntas*	(*cuenta*)
	tūfong	
Rechnung	*kuéntas*	
	tinífong	
Recht (Rechtsprechung)	*tinínas*	
(Urtheil)	*minanda*	(*mandar*)
rechts	*agápa*	
Rede	*sinángan, sinangǎne*	vgl. *sangǎne*: sagen
Regen	*ūtchan, i ítchan*	
(der durch's Dach kommt)	*tiníhŏ*	
Regenbogen	*ísă*	
Regenzeit	*fanutchǎnan*	
regnen	*umūtchan*	*útchan*: es regnet
(durch-)	*tūhò*	

reiben	*hó(d)jat*	
reich (an Gut)	*mī́guinắhă*	vgl. *guináha*: allerlei
(an Geld)	*mī́salắpĕ*	vgl. *salắpe*: Geld
reif, reifen	*mása*	= gar
Reiher	*tchitchū́gŏ*	
rein	*gás'gas'*	
reinigen (fegen)	*sausau, bā́le*	(*barrer*)
(im Dienste von)	*sausắke*	
(waschen)	*fagáse*	*fa'*: machen; *gás'gas'*: rein
(das Feld)	*maguā́san*	
(sich)	*na'gás'gas'*	
Reis (ungeschält)	*fā́e*	
(roh geschält)	*pū́gas, i pī́gas*	
(gekocht)	*hinégsă*	
Reispflanzung	*faniaā́jan*	(v. *fā́e*)
Reis stampfen (zur Entfernung der Schale)	*tumū́to*	
Reise, reisen	*bumiắhe*	(*viaje*)
reissen	*tī́ti(g)*	
reissend	*tchā́dek, sáh'(e)jau*	
reiten	*máudai*	
retten	*na'lī́bre*	(*libre*)
Rettung	*linī́bre*	
Reuse	*gī́gau, nā́să*	
richtig	*tū́nas*	
Richtigkeit	*tinī́nas*	
riechen (wittern)	*nginge*	= küssen; s. d.
(Intrans.: gut)	*páupau*	
(schlecht)	*tchátpau, lámog*	
Riff	*atchon-jánja(k)*	vgl. *atcho*: Stein
	robentáson	
Rind	*guắka*	(*vaca*)
Rinde	*lásas-háio*	Haut-Baum
Rohr (Cylinder)	*tū́bo, i tī́bo*	dagegen *tū́pŏ, i tī́pŏ*: Brunnen; *tū́pŏ, i tī́pŏ*: Zuckerrohr; wohl ursprünglich einerlei
(Bambus)	*piau*	
	karī́so	(*carrizo*); das geflochtene Rohr der Hauswände
rollen (z.B. ein Fass)	*nalī́liko*	
(einwickeln: Geld)	*tchaflī́leg*	= drehen
roth	*agā́ga*	dagegen *agắ'gă'*
Röthe	*inagā́ga*	
Rübe	*gắdo, nī́kă*	
Rücken	*tắtālo*	vgl. *santáte*: hinten
(Kreuz)	*ātajo*	

rückwärts	*santáte*	
Ruder (Riemen)	*pógsai, i pégsai*	
(Steuer-)	*ŭlen*	
rudern	*pógsai*	
rufen	*ăgang, agánge*	
	sangnĭĕ	(Rota)
	esalågue	(Rota)
ruhen	*deskánsă*	(*descansar*)
	na'pāra	(*parar*)
ruhig	*mah'gong*	
	matkĭlo	(v. *tranquilo?*)
rühmen (sich)	*bumanidá*	(v. *vanidad*)
Rumpf	*tatáutau*	
rund	*adamélong*	

S.

Sache	*guáha, háfa, hináfa*	
Sack	*bótsa, i bétsa*	(*bolsa*)
säen (kleine Samen)	*sátbe*	
(grosse Samen)	*tănum, tánme*	= pflanzen; vgl. *tăno*: Erde
Saft	*fŭgŏ, tchŭgo*	
sagen	*sángan, sangăne*	man sagt: *manmasásangan*
	ĭlek	man sagt: *ileknĭniha*
	ålo(g)	= mittheilen; *sangāne* bedeutet: sagen im Auftrage, einen Befehl bestellen
Säge, sägen	*tchătcha(g)*	
Salz	*asigă*	
salzen	*ásne*	
salzig	*maásne*	aber *făe(t)*: versalzen
sammeln	*rekóhe*	(*recojer*)
	hóka	
	na'dánia, na'étnon	= zusammentreiben
	montchón	= auf Haufen legen
Samstag	*săbălŏ*	(*sabado*)
Sand	*ŭnai, i ínai*	
sandig	*miŭnai*	
Sandalen	*dŏga, i dĕga*	hier üblich
sanft	*mănjanjă*	= weich (Wolle)
satt	*háspo(g)*	
sauber	*gás'gas'*	
sauer	*maágsom*	
(herb)	*kăkale(t)*	
säugen	*hanasúsu*	vgl. *súsu*: Mutterbrust
Savanne	*sabåna*	(*sabana*)

schaden, beschädigen	*na'lā́men, na'sisitan*	
(zerstören)	*latchai*	= Alles aufzehren
	na'táilaje	vgl. *táilaje*: schlecht
(eine Pflanzung verwüsten)	*hánăā́las*	vgl. *hailas*: Nahrungsmangel; *i págdio hanaailas i gualo*: der Sturm hat die Pflanzung verwüstet
schädlich	*na'tálaje*	
Schaf	*kinílo*	
schaffen (erschaffen)	*fatínas*	*Si jū́os ufatinas i tā́no*: Gott schuf die Erde
schälen	*guā́yse*	
schämen, sich	*mamáh(e)lau*	
scharf	*kaláktos*	= witzig
schärfen	*na'kalaktos, guǻsa*	
Schatten (d. Sonne)	*nū́hong, i nĭ́hong*	
(d. Kerze)	*aníneng*	
schätzen (werthhalten)	*giflā́men, goflā́men*	
Scheere	*tihéras*	(*tijeras*)
scheeren (Haare schneiden)	*dā́sai*	
scheinen (Anschein haben)	*fanā́an*	= nennen
	nángo	*hinángo*: es scheint mir, als ob
(Sonne)	*mā́la(k)*	
scheissen	*masíni(g)*	
scheitern	*mǻfa(k)*	
Schelle	*kampaníja*	(*campanilla*)
schelten	*lălā́de*	
schenken	*nāe, regǻlo*	(*regalar*)
Scherben (Glas-)	*redōma*	(*redoma*)
schicken	*na'hā́nau*	vgl. *hánau*: fortgehen
schief	*umā́so*	dagegen *umáso*: rauchen
schiessen	*pǻke, mamǻke*	Tauben schiessen: *umépăkĕ paluma*
Schiesspulver	*pótbola, i pétbola*	(*polvora*)
Schiff	*mṓdung, i mḗdung*	(Rota)
	sáh(e)jan	(Saipan); dagegen *sáh(e)jas*: eilen
Schildkröte	*hǻgan*	
schlachten	*pū́nŏ*	
Schlaf	*mináigo*	
(Schlummer)	*minatū́ho(k)*	
schlafen	*máigo*	
(einnicken)	*matū́ho(k)*	

Schlaflosigkeit	*inágmàtă*	vgl. *mangmáta*: aufwachen; *máta*: Auge
schlagen (mit der Hand)	*patmā́da*	(*palmada*)
(Ohrfeige)	*déska*	
(mit der Faust)	*dṓmŏ*	
(mit dem Messer)	*tā́kă*	
(mit dem Stock auf den Rücken)	*pā́na*(*k*)	
(mit dem Stock auf den Kopf)	*dåko*(*t*)	
(mit dem Stock auf den Hintern)	*ba'ba'*	
schlapp (faul)	*gåyo*	
(lose)	*kā́lo*	
(biegsam)	*njā́bă*	
schlau	*lá'mon*, *fā́jĕ*	
schlecht	*táilăjĕ*, Plur. *mandáilaje*	
	kamden, Plur. *mangamden*	= unartig
Schlechtigkeit	*tináilăjĕ*	
schleifen (Messer)	*na'kaláktos*	vgl. *kaláktos*: scharf
(auf der Erde)	*bă'tsalā*	(*balsa*)
Schleuder	*dā́gau*	Bildete neben der Lanze (*gugathålum*) die Hauptwaffe der alten Chamorros in ihren Kämpfen mit den Spaniern. Man findet noch heute häufig die elliptischen, zuweilen beiderseits scharf zugespitzten Steine von Walnuss- bis zu Faustgrösse; oft sorgfältig gearbeitet.
Schleudersteine	*atchon-dā́gau*	
schliessen (Thür)	*hútchum*	
(beenden)	*nafunhåjan*	
Schlinge	*láso*	(*lazo*)
Schlucht	*haniā́da*	(*cañada*)
schluchzen	*sumospíros*	(*suspirar*)
schlucken	*pániot*	
schlummern	*matū́ho*(*k*)	
Schluss	*hŏko*(*g*)	
Schlüssel	*jā́bĕ*	(*llave*); = Balken
schmackhaft	*mánnge*	
schmal (eng)	*māíjut*	
(gedrängt voll)	*manátchiget*	vgl. *mátchiget*: drücken

Schmalz	*mantíkă*	(*manteca*)
schmecken (gut)	*mánnge*	
(schlecht)	*timánnge*	
schmelzen(Intrans.)	*mămăhắnum*	vgl. *hắnum*: Wasser
(Trans.)	*fa'hắnum*	
Schmerz	*pútĕ*	
Schmetterling	*abắbang*	
Schmied	*herḗro*	(*herrero*)
schmieden	*ha'átcha*	(v. *hacha*: Beil
schmollen	*lå(d)jo*	= verstimmt
Schmuck	*adó(t)no*	(*adorno*)
schmücken	*adó(t)no, nå'béste*	(*vestir*)
(sich)	*bumeste*	
(das Haus)	*tód'da*	
Schmutz	*ódda, i édda*	= Erde
(Lehm)	*fátche*	
schmutzig	*ódda, káfatche*	
	áplatcha	= gemein
(v. Wäsche)	*usắo*	(*usado*)
Schnabel	*píkŏ*	(*pico*)
	bátchot	= Mund
schnarchen	*lắnan*	
schneiden	*ắto(t)*	
schnell	*sáhejau, tchắdek*	
(flink)	*gúsĕ, makalámia*	
Schnelligkeit	*minakalámia*	
Schnepfe (gross)	*kalắlang*	
(klein)	*dolíle*	
Schnur	*kod'dét*	(*cordel*)
	palågon	(Rota)
Schokolade	*tcho'kolắte*	auch als Verb.; Schokolade trinken: *guaho hutchokolắte*
schon	*jésta*	(*ya está*)
schön	*sắmai, gadbo*	
schonen	*adåhē*	
schräg	*umắso*	
Schreck	*pinite*	vgl. *púte*: Schmerz
	mah'ngang	(Saipan)
	lắhan	(Rota)
schrecklich	*na'lắhan,na'máaniau*	vgl. *ma'aniau*: fürchten
schreiben	*tắgĕ*	
(i. Lohn od. Auftrag)	*tugíge*	
Schreiben (Brief)	*tinígĕ*	
Schreiber	*títuge*, Plur. *manituge*	
schreien (weinen)	*tángis, tumángis*	
(laut vor Schmerz)	*komắte*	
(klagen)	*umūgong*	vgl. *mắgong*: friedlich

Schuld	*ísau*	
schulden	*dibĕ*	(*deber*)
Schule	*eskuĕlă*	(*escuela*)
Schüler	*pátgon*, Plur. *famagŭon*	
Schulter	*apăgă*	dagegen *ăpăkă*: weiss
Schutz	*ginĕgue*	
Schütze	*tautau mépake* *pápake*, Plur. *mamăpake*	vgl. *pákĕ*: schiessen
schützen	*gŏguĕ, săguĕ*	
schwach	*majăje, njăfai*	
Schwäche	*njinăfai*	
schwanger	*ma'pótge*	vgl. *pátgon*: Kind
schwank (Rohr)	*njáuhau*	
schwarz	*átilong*	
Schwefel	*ásgă*	
schweigen	*fa'matkílo, ma'matkílo*	vgl. *matkílo*: ruhig (v. *tranquilo?*)
schweigsam	*mah'gong*	
Schwein	*băbui*	*ēbabui* = *bumabui*: Schweine jagen
Schweiss	*măsahálum*	*măsa*: gekocht; *hálum*: innen
schwer (v. Gewicht)	*mákat*	
(schwierig)	*măpot*	
Schwester	*tchälo-paláuan*	
schwimmen (regelrecht)	*nángo, numángo*	
(mit ausgreifend. Armen)	*mémpătĕ*	
(im Hundeschritt)	*gáf*	
schwitzen	*măsahálum*	vgl. Schweiss
schwören	*fanhŭlă*	*fan-*: machen; (*jurar*)
sechs	*gúnum*	
sechste, der	*gu(t)mĕjai*	
sechzig	*gúnum nga mao(t)-not*	
See	*tăse*	
Seele	*ánte*	
Segel	*lăja(k)*	Segel aufmachen: *na'lăja(k)*
segeln	*na'lăjak*	
segnen	*bendĭse*	(*bendecir*)
sehen	*li'ĕ*	siehe da! *dĭ! diahá, átau! li! liahá!*
sehnen (sich)	*tatánga*	

sehr	*sen, ges, gof, gef*	*sénmauleg*: sehr gut
	sumén	*suméntailaje*: sehr schlecht
Seife	*hābon*	(*jabon*)
sein [Hülfszeitw.]		wird nicht ausgedrückt; *guáho dánkulo*: ich (bin) gross; *guaho hágas dékiki*: ich (war) klein
(sich befinden)	*gaige*	*gi hálum-táno gaige aníte*: im Walde sind Gespenster
(Besitz v. Sachen)	*ijonía*	*ijonía na säsä* = *säsänía*: sein Messer
(Besitz v. Thieren)	*ga'nía*	*ga'nía na kinílo* = *kinilonia*: sein Schaf
(Besitz allg.)	— *ga'ía* bez. *nía*	*tata n i a*: sein Vater; *hágan ia*: seine Schildkröte
seit Langem	*ámam*	
seit Kurzem	*tiámam*	
selbst	*maisa*	= nur; s. d.
Selbstmord	*pūnomáisăguĕ*	
selten	*săsánge, hālag*	
senkrecht (hängend)	*tūnas-pápă*	*tūnas*: gerade; *pápa*: unten
(stehend)	*tūnas-hūlo*	*húlo* = *hilo*: oben
setzen (Jmd., etw.)	*pōlŏ*	
(sich)	*matātchong, fatātchong*	
seufzen	*sumospíros*	(*suspirar*)
	umūgong	
sich	*maisa*	*guaho husétben-maisa-jo*: ich bediene mich; *hago onsétben-maisa-hau; guia usétben-maisa-gui* u. s. w.; *hita tosétben hit; hame ensétben ham; siha uhasétben siha* (n i c h t *maisa*)
sicher	*magáhe(t)*	
sichtbar	*malíon*	
sie (Sing.)	*guía u-*	*i palauau uásagua, g u í a boníto*: die Frau heirathet, sie (ist) schön
(Plur.)	*síha úha*	*i tautau siha u h a fatchotcho, manusúne s i h a*: die Männer arbeiten, sie (sind) fleissig
sieben	*fito*	
siebente, der	*fitgujai*	
siebenzig	*fito nga mao(t)not*	
sieden (nur 3. Pers.)	*lóklo(k)*	
Sieg	*ginānă*	
siegen	*gāna, bénsē*	(*ganar, vencer*)

Silbergeld	*salápe ắpăkă*	vgl. *ắpăkă*: weiss
singen	*kánta*	(*cantar*)
	ắko	vor sich hin singen. Die Karoliner (nicht die Chamorros) singen Stunden lang, im Halbschlummer, dieselbe Melodie vor sich hin
sinken (Schiff)	*manjóknjok*	
sitzen	*matắtchong*	
Skorpion	*alakrắn*	(*alacran*)
so (wie dies)	*taiguíhe, taiguíne*	
(wie jenes)	*taiguénau*	
sobald als	*enseyídas*	(*enseguida*)
	ắjin	*ắjin huhắnau uhagimen*: sobald ich fortgehe, trinken sie
	gígonhá	
sofort	*pắgogohá*	
Sohn	*lahe*	aber stets mit dem Possessiv; *lahénia*: sein Sohn; Plur. *lalahénia*: seine Söhne (nicht: *ijonia na lahe*)
Soldat	*sindálo*	
Sonne	*ádau*	
Sonnenlicht	*inínan-ádan, inínan-somnak*	*inína*: Licht
Sonnenschein	*sómnak*	
Sonntag	*dominggyo*	(*domingo*)
sonst	(*sinắ*), *sá*	*tchắmo fatitinas tắlo, sávai hukastíyahau*: thue das nicht wieder, sonst werde ich dich strafen
spalten	*pắta, págnas*	
spanisch	*gi lågo*	vgl. *san lågo*: Westen
(Sprache)	*finu lågo*	
spannen	*na'tíso*	(*tieso*)
sparen	*ắgă*	
später	*lắmŏnă*	
spazieren	*umótatnon*	
	mamóka(t)	vgl. *ékahat*: langsam
Speise	*néngkănŏ*	
speisen (zu essen geben)	*na-*	mit dem Possessiv; *na-ta*: unsere Speise; *na Huan*: Johann's Speise
	na-	mit dem Pron. pers.; *na-hit*: gieb uns zu essen; *na-jo, na-han* u. s. w.
Spiel	*huégo*	(*juego*)

spielen (der Kinder)	*manhugándo*	(*jugar*)
(zur Unterhaltung)	*manhugándo* = *hugándo*	
(ein Instrument)	*dándan*	= läuten
Spion	*atitǘje*	= Acht geben
spitz	*kadíduk*	= witzig
spotten	*mofėa* *esitǻne*	(*mofarse*)
sprechen	*ádingan*, *adingǻne*	
springen	*gǒpe*	(v. *golpear?*)
Spritze	*helėngga*	(*jeringa*)
spucken	*bǒbǒ*, *tǒlǎ*	
(hörbar)	*káka*(*g*)	
(speien, v. Vulcan)	*mǘtǎ*	= sich übergeben
stammeln	*páh'ja*	
stampfen (mit dem Fuss)	*tǒjo*	
(Reis, zur Entfernung der Schale)	*tumǘto*	
stark	*metgot*	
(Cigarre)	*fótte*	(*fuerte*)
Stärke, stärken (plätten)	*átbidon*	(*almidon*); wird aus Pfeilwurz und »*gaugau*« bereitet
Staub	*pótbos*	(*polvo*)
staunen	*mánman*	
stechen (mit dem Messer)	*dúlo*(*k*)	
(m. einem Stock)	*tógtcha*	
stehen	*tǒge*, *tumǒge*	
stehlen	*sáke*, *saki*	(*saquear*)
Stein	*átchō*	
Steinmörser	*metátĕ*	
(der Alten)	*lǘsong*	Sie bestehen aus einem Basaltstein v. 30 cm bis 1 m Durchmesser mit einer (auf den grösseren oft mehreren) handgrossen, halbkugeligen Vertiefung. Als Stösser dient ein elliptischer 20—30 cm langer Stein (Basalt od. Kiesel). Man findet sie in den Ruinen der alten Säulenreihen, aber auch sonst überall. Da sie sehr schwer sind, ist anzunehmen, dass in ihrer Nähe sich stets eine Hütte (aus Holz) befand.

		Aus ihrer grossen Zahl kann man auf die frühere starke Bevölkerung schliessen.
stellen	*pōlò*	(*poner*)
sterben	*mắtai*	
sterbend	*tchatguía*	nicht (mehr) er
Stern	*putíon*	
Steuer	*timón*	(*timon*)
(das zum Steuern benutzte Ruder)	*ū́len*	
Stiel	*tógpong, i tégpong*	
Stier	*tṓro*	(*toro*)
	láhe naguáka	vgl. *láhe*: Mann; *guáka*: Rind
still	*máh'gong*	
stinken	*tchátpau*	
	lắmo(g)	
Stirn	*hắ`ē*	
Stock	*bastón*	(*baston*)
	galúte	(*garrote*)
	håio	= Holz
stolpern (über einen Stein)	*matúmpo*	
(über ein Loch)	*mátgui*	
stossen	*tógtcha*	= stechen
Stosseisen	*fusínios*	(port. *foucinha*); das einzige Werkzeug zur Feldbestellung aus hier geschmiedetem Eisen, vorn geschärft, auf der Innenseite m. Kerben versehen, zum Herbeiziehen des abgestossenen Unkrauts; dient auch zum Lockern der Erde u. zum Häufeln für die Kamotepflanzung. Der Holzstiel ist etwa 3 m lang.
Strafe	*sinắpit, kastíga*	
strafen	*kastíga, sắpit*	(*castigar*)
stranden	*gắnĕ*	
Strasse	*tchắlan*	
Strauch	*tchắguan*	
Streit (Wort-)	*umắguaguat*	
(Schlägerei)	*minīma*	vgl. *mū́mo*: kämpfen
streiten (m. Worten)	*umắguaguat*	
(thätl. allg.)	*mū́mo*	
(mit Fäusten)	*umăpánjĭtĕ*	
(mit Stöcken)	*umắpana(k)*	
(mit Messern)	*umắsäsä*	
(mit Äxten)	*umátăkă*	

Strick	*tắlī*	
Stück	*pátte*	z. B. *un pátten guắlo*: ein Stück Feld
Stuhl	*síjă*	(*silla*)
stumm	*ū́dŏ*	
Stummheit	*inído*	
stumpf(ohneSpitze)	*mahéfon*	
(ohne Schneide)	*njáanjo*	
Sturm	*págdiō̄*	
Sturz (Fall)	*bindsna*(*g*)	
stützen (sich)	*na'ắpŏ*	
suchen	*alígau*	
Süden	*san litchan*	
Sünde	*ísau*	
sündigen	*umísau*	
süss, Süssigkeit	*mắmes*	
Freund v. Süssigkeiten	*gamắmes*	
Süsskartoffel	*kamū́te*	(*camote*); Batate
Batatenacker	*fangamutíjan*	
Sumpf	*hagói*	

T.

Tabak	*tchúpa*	(*chupar*)
Tabaksfeld	*fanjupắjan*	
Tabakspfeife	*tchigando*	(v. *cigarro*)
Tadel (Zurechtweisung)	*kinerihe*	
(schelten)	*linalắde*	
tadeln	*korihe*	(*corregir*)
	lalắde	
Tag	*haắne*	
tagen	*manắna*	(v. *haắne*?)
	matchaktchak-kátan	
Tags	*gi haắne*	
Tanz	*báile*	(*baile*)
tanzen	*baila, kílolog*	= sich drehen
Taro	*sū́ni, i síni*	
(gekocht)	*ắgom*	
Tarofeld	*fanjuníjan*	(v. *suni*)
Tasche	*bótsa, i bétsa*	(*bolsa*)
Tau	*tắlī*	
taub	*tánga*	
Taube	*palū́mă*	(*paloma*)
Taubheit	*tinánga*	

tauchen (Jmd.)	*lŭmos*	= ertränken
(selbst)	*mátmos*	= ertrinken
	numángo	
(bis an die Stirn)	*manăno*	
taufen (Namen geben)	*fa'năan*	vgl. *naán*: Name
taugen	*gumái lăjĕ*	
tauschen	*tuláikă*	
täuschen	*dåge*	= lügen
	pădag-dåge	(Rota)
Teufel	*anite*	Die Chamorros glauben an Waldteufel, die Geister ihrer heidnischen Vorfahren, welche in den Ruinen wohnen. Viele haben sie gesehen (in Rota bes. den Danglūo mit mächtigem Kopf und Augen wie Kokosnüsse). Auch in Höhlen wohnen sie, u. wer sie erzürnt, den strafen sie mit Krankheit und Tod.
Thal	*kaniăda*	(*cañada*)
thätig	*manosŭne*	vgl. *inisŭne*: Fleiss.
Thee	*tchá*	= Thee trinken; *utchá*: er trinkt Thee
theilen (= Theil)	*pátte*	(*partir*)
	fåkai	
theuer	*guăguan*	
Thier	*gă'gă'*	
Thräne	*lăgo*	dagegen *lågo*: Westen
thun	*fatĭnas*, *tchŏguĕ*	
Thür	*pótta*, *i pétta*	(*puerta*)
tief	*tădung*	
Tisch	*lamăsa*	(*la mesa*)
Tochter	*hăga*, Plur. *hohăga* u. *hăga siha*	
Tod	*finătai*	
todt	*mătai*	= sterben
tödten	*pŭno*	
Topf	*laŭja*	(*la olla*)
träge	*gågo*	
tragen (auf d. Kopf)	*ódo*	
(auf d. Schulter)	*apagåje*	
	kátya	(*cargar*)
(ein Kind)	*hŏguē*	
trauern	*tángse*	vgl. *tángis*: weinen
traurig	*triste*	sehr traurig: *triréste*

Traurigkeit	*triniste*	(*triste*)
träumen	*guífe, mangguífe*	*mangguífe*: laut träumen
treffen	*dántche*	
(in's Centrum)	*dántche tā́lo*	vgl. *tā́lo*: Mitte
trennen	*na'sáhange*	
Treppe	*guā́o(t)*	
treten (einen Fusstritt geben)	*pȧde(k)*	
trinkbar	*ma'gímen*	nur von Wasser
trinken	*gímen*	
trocken	*ánglo, malā́ju*	
Trockenzeit	*fainumā́gan*	vgl. *somnak*: Sonne
trocknen	*na'anglo*	
Trog	*tápe, kanṓa*	
Tropfen	*gṓta*	(*gota*)
(der durch's Dach kommt)	*tiního*	
Trost	*tinā́nĕ*	
	kinensuéla	(*consuelo*)
trösten	*tā́ne*	
	konsuéla	
trotz	*i — ti —*	*i ginagȧho ti hafatinas*: trotz meines Befehls thut er es nicht.
trotzdem	*sinembátko*	(*sin embarzo*)
trübselig	*malā́ju*	= trocken
	trireste	
tugendhaft	*táibĭsiō*	*tai*: kein (*vicio*)

U.

über	*gi hílo*	
(bildl.)	*gi, sanmena*	*sijuós gaige gi tautan*: Gott steht über dem Menschen; *si rai gaige gi menan sindȧlo*: der König steht über den Soldaten
überall	*gai etchongnia, na lū́ka todo, i lugā́t*	(*lugar*)
Überdruss	*inéson, ninā́oson*	
überdrüssig	*ṓson*	
überholen (Jmd.)	*fo'naiguĕ*	
Überlegung	*hinasū́je*	vgl. *hásso, hasū́je*
übermorgen	*inagupánia*	vgl. *agúpa*: morgen; *-nia*: Comp.-Endung
übrigbleiben	*sóble*	(*sobrar*)
Ufer	*oríja*	(*orilla*)
Uhr	*rĕlós*	(*reloj*)
(Stunde)	*ṓra*	(*hora*)

umarmen	*tógto(g)*	
um herum	*i oríja*	*i oríjan i táno gaige i tase*: um die Insel wogt das Meer
um so mehr	*lá megai*	
umwenden	*bíra*	
	légle(g)	
um zu	*pāra*	
unangenehm	*tchátguaia*	
unartig (unbescheiden)	*tai respeto*	(*respeto*)
	manátma	
(unpünktlich)	*tchatmátago*	
unbestimmt (unklar)	*timateklāra*	(*claro*)
(verwirrt)	*tipuláon*	
und	*jăn*	
ungeduldig	*ŏson*	
Ungehorsam	*tai inesge*	vgl. *ósgĕ*: gehorchen
ungerecht	*lătche*	= sich irren
Ungerechtigkeit	*linátche*	
ungeschickt	*njăba*	= schlapp
unmöglich	*tisínia*	
unnöthig	*timanesesita*	(*necesita*)
unnütz	*tiguáilaje*	
unordentlich	*kaláŏ*	= ungekämmt
unreif (Frucht)	*măta, gáda*	
(Bursche)	*táfo, táftaf, măgă*	
unrein (schmutzig)	*áplatcha*	
(ekelhaft)	*nămăsă*	
Unrichtigkeit	*inétchong*	vgl. *étchong*: schlimm
unsauber	*áplatcha*	
unser (Besitz von Sachen)	*ijonmăme, ijóta*	*ijonmăme na isau*: unsere (d. h. aller Menschen) Sünde; *ijóta na rai*: unser (d. h. nicht euer) König
(Bes. v. Thieren)	*ga'măme, gáta*	*gamăme na gá'ga'*: unser aller Vieh; *gáta na ga'ga'*: unser (nicht euer) Vieh
(Besitz allgem.)	*— măme, — ta*	*jūos măme*: unser Gott; *tatáta*: unser (nicht euer) Vater
untauglich	*táibălĕ*	(*valer*)
unten	*san păpă*	
unter (bildl.)	*segun*	*i sindălo gaige segun tindyo i rai*: der Soldat steht unter dem Befehl des Königs
(u. d. Obhut)	*as, gi*	*gaige gi proteksion rai*: er steht unter dem Schutze des Königs

unterbrechen	*atboróta*	(*alborotar*)
(stören)		
(ruhen)	*na'pā́ra*	(*parar*)
	pṓlon-njáihun	(*poner*)
untergehen (Schiff)	*ma'fondo*	(*fondo*)
	manjógnjog	
(Sonne)	*mā́tchong, sumū́of*	*matā́tchong*: sich setzen
(verderben)	*tumáilăjĕ*	vgl. *táilaje*: schlecht
Unterkiefer	*atchámtcham*	
unterliegen	*măánian*	dagegen *máăniau*: fürchten
Unterricht	*finanā́guĕ*	vgl. *fanū́e*: zeigen
unterrichten	*fanā́gue*	
Unterschenkel	*sádnoho*(*t*)	
unterstützen	*naā́po*	= sich stützen auf
	faborĕ́se	(*favorecer*)
	fá'kĕ	
untertauchen (Jmd.)	*lū́mos*	
(selbst)	*mátmos*	
unwillig (zähe)	*ā́guaguat*	
unwissend	*taitiningo*	
Unwissenheit	*tinaitiningo*	
unzureichend	*titinā́gă, timonā́gă*	
unzuverlässig	*dåkun*	

V.

Vater	*táta*	
verachten	*tchátguaia*	
Verachtung	*tchinátguaia*	
verändern	*umṓtro, manṓtro*	(*otro*)
	matuláika	vgl. *tulaika*: tauschen
Verantwortung ziehen, zur	*ā́gang, agánge*	= herbeirufen
verbannen	*destilā́do*	(*desterrar*)
verbergen	*nắ'nă', nă'ā́to*(*g*)	
(sich)	*umā́to*(*g*)	
verbessern	*lumámauleg*	vgl. *mauleg*: gut
verbieten	*atatáje*	
	tchṓmă	= verhindern; vgl. *tchā́mo*: du sollst nicht
verbinden	*na'étnon*	
(vereinen)		
(Wunde)	*bä'ē, bendas*	(*vendar*)
Verbrechen	*t́sau*	
verbrennen (etwas)	*songge, sū́no*(*g*)	
(sich)	*ma'tū́no*(*g*)	
verderben	*tumáilăjĕ*	

verdienen	*gắna*	(*ganar*)
(gewinnen)		
(gebühren)	*merése*	(*merecer*)
verdoppeln	*talúje jao doble*	vgl. *talúje*: vermehren (*doble*)
verdorben (verfault)	*podlílo*	(*podrir*)
(ungeniessbar)	*lámas*	vgl. *nắmasa*: ekelhaft
verdunkeln	*na'hómhom*	
verdursten	*mátai mắhŏ*	*matai*: sterben; *mắho*: durstig
vereinigen	*na'étnon*	vgl. *inétnon*: Heerde
verfolgen	*pe(t)sige*	(*perseguir*)
	dúlala(g)	
Verfolgung	*pine(t)sige*	
vergeben	*asiĕ*	
vergelten	*apắse*	= bezahlen (*apaciguar?*)
vergessen	*na'malĕ́fa*	
vergesslich	*hámlĕ́fă*	
vergiften	*hinína, tắtse*	
vergleichen	*akompắra*	(*acomparar*)
(sich)	*arégla*	(*arreglar*)
vergnügt	*mắgof*	
vergrössern	*na'dánkulo*	
verhindern	*tchṓma*	= verbieten; vgl. *tchắmo*: du sollst nicht
	impídĕ	(*impedir*)
verhören	*faise(g)nắne*	vgl. *faisen*: fragen
verhungern	*matai-njắlang*	= sterben-hungrig
verirren, sich	*ába(k)*	
Verkauf	*bénta*	(*venta*)
verkaufen	*bénde*	(*vender*)
verkehrt	*umátlibes*	(*al reves*)
verkleinern	*na'dékiki*	
verkürzen	*na'kátata*	
verlangen	*gắgau*	= inständig bitten, geil
Verlangen	*ginắgau*	
verlängern	*na'anắko*	
verlassen (sich entfernen)	*díngo*	
(ein Haus)	*jŭ́te*	identisch mit *jŏ́te*: wegwerfen?
(sich verl. auf)	*angóko*	= vertrauen
verleihen	*uắăjau*	vgl. *ắjau*: borgen
verlieren	*malíngo*	
(den Weg)	*ába(k)*	
(die Farbe)	*mafnas*	
(im Spiel)	*mapĕ́de*	(*perder*)
Verlust	*minapĕ́de, fátta*	(*faltar*)
vermehren	*talúje*	
vermeiden	*sŭhắjĕ*	

vermiethen	*atkílă*	(*alquilar*)
vermindern	*na`dídidi*	
Vermögen	*fottűna*	(*fortuna*)
vermuthen	*bumuente-só(g)ne*	vgl. *so(g)ne*: beschuldigen
vernachlässigen	*aglíĕ*	vgl. *líĕ*: sehen
vernehmen	*ékungu(k)*	= horchen
verneinen	*umáhē*	*áhē*: nein
veröffentlichen	*sanganjáihun*	vgl. *sangáne*: sagen
verordnen	*odénă*	(*ordenar*)
(behördl.)		
(ärztl.)	*reséta*	(*recetar*)
verpflichten (sich)	*oblígau-maisa*	(*obligar*)
verrathen	*trǟedúde*	(*traidor*)
(denunciren)	*fa`áila*	
verrückt	*mámpos*	= zu sehr
versalzen	*fǟe(t)*	
verschlechtern	*na`táilăjĕ*	
versöhnen (sich)	*umamígo*	
	umagoflíetalo	vgl. *goflie*: lieben; *tálo*: wieder
verständig	*meh`nalong*	
verstecken (sich)	*umáto(g)*	
verstehen	*túngo*	= wissen
verstimmt	*lå(d)jo*	= schmollen
versuchen (prüfen)	*tchǟgĕ*, *támtam*	
vertheidigen	*gőgue*	= schützen
vertrauen	*angóko*, *konfía*	(*confiar*)
Vertrauen	*inangóko*, *kinenfía*	
vertreiben	*petsíge*	(*perseguir*)
	tatíje, *dúlala(g)*	= verfolgen
verursachen	*na`suséde*	(*suceder*)
	na`na`hűjung	*na'*: machen; *na'*: thun; *hújung*: heraus
verurtheilen	*kondéna*	(*condenar*)
Verurtheilung	*kinendéna*	
Verwandter	*parientes*, *pumarientes*; Plur. *manparientes*	(*parientes*)
verweigern (e. Bitte)	*tchắtau*	
	niégă	(*negar*)
verwickelt	*tipulắon*	vgl. *ti*: nicht; *púla*: befreit
verwunden	*na'fanjetnot*	vgl. *tchetnot*: Wunde
verwundern (sich)	*mánman*	
verwundet	*tche(t)nűdon*	
verwüsten	*látchai*	= Alles aufzehren
verwüstet	*hánaáilas*	vgl. *háilas*: Mangel
verzeihen	*asíĕ*	
	gai asíe, *gai maắse*	

Verzeihung	*inasië*	
verzögern	*ámam*	= lange
	na'ámam, na'atrasão	(*atrasado*)
verzweifeln	*tchatangóko*	vgl. *tchat*: schlecht; *angoko*: Vertrauen
	timanánok, timanangga	vgl. *ti*: nicht; *nangga*: erwarten
Verzweiflung	*taiinangóko*	vgl. *tai*: kein
	taininángga	
Vieh	*manso-na-gă'gă'*	(*manso*); *gá'gă'*: Thier
viel	*mégai*	zu viel: *mámpos*
vielleicht	*buénte*	
vier	*fátfat*	
vierte, der	*fátfatai*	(Rota)
	íminakuatro	(Guam); vgl. *ímina*: vorn
vierzig	*fátfat nga mao(t)non*	
Vogel	*gă'gă'-na-gumúgupo*	vgl. *gá'ga'*: Thier; *gúpo*: fliegen
	palūma	(*paloma*)
voll	*būlă*	
vollenden	*nafunhåjan, na'fágpo*	
vollkommen	*kabăles*	(*cabal*)
von (Genitiv)	*ijon-*	
von hier	*desde éste, gine éste*	
vorausgehen	*fōna, mōna, mófona*	
voraussetzen	*hinasso, pinēlo*	*hinassonmāme*: wir Alle setzen voraus; *pinelóta*: nur wir setzen voraus
vorbereiten	*fămáulĭkĕ*	*fă*: machen; *mauleg*: gut
Vorfahr	*saina*, Plur. *manjáina*	
vorgestern	*inigápnia*	*nigap*: gestern; *-ia*: Comparativ-Endung
Vormittag von 8—11 Uhr	*lataloăne*	
vorn	*san ména, ména*	*ménan i gima, san ména i gima*: vor dem Hause
	ímina	v. *mēna*
Vortheil	*ginăna*	= Gewinn (*ganar*)

W.

Waare	*finahan*	vgl. *fáhan*: kaufen
wachen	*mangmáta*	vgl. *máta*: Auge
wachsen	*lumăla*	= leben
Wachsthum	*linālă'*	= Leben
Wachtposten	*mamūlan*	vgl. *pūlan*: beaufsichtigen
wagen	*atrévĕ*	(*atreverse*)
	ariésgă	(*arriesgar*)
	atótgă	

Wagen	*karéta*	*kinaréta*: im Wagen fahren
	batángga	(*batanga*); eine Schleife ohne Räder, vorn das Nackenjoch des Zugstieres
wählen	*ấje(g)*	
	tántchō	
Wahnsinn	*inấlanga*	
	binấba	
wahnsinnig (dumm)	*bấbă*	
(blödsinnig)	*ấlange*	
wahr	*tiddấkun*	vgl. *dấkun*: falsch
	timanddấge	vgl. *dấge*: lügen
	magáhet	
währen	*mấo(k)*	
während	*miéntras, ánai*	(*mientras*); *i batko máto ánai estábajo Luta*: das Schiff kam an, während ich in Rota war
Wahrheit	*minagáhe(t)*	
wahrnehmen	*ékungu(k)*	= horchen
Wald	*hấlum-tấno*	vgl. *hấlum*: Inneres; *tấno*: Insel
Walfisch	*bajḗna*	(*ballena*)
wann	*ngáian*	*ngaian na tahanan?* wann reisen wir ab?
Wanze	*tchíntche*	(*chinche*)
warm	*tchá(t)maipe*	= schlecht heiss
Wärme	*minaipe*	vgl. *maipe*: heiss
warnen	*akonsḗha*	(*aconsejar*)
warten	*nángga*	
warum	*pấră hấfa*	(*para que*)
was?	*hấfa, hấf*	
waschen	*fa'gáse*	*fa'*-: machen; *gás'gas'*: rein
	lampáso	(*lampazo*)
Wasser	*hấnum*	
Wasserhuhn	*pulấla(t)*	
weben	*tấfo(g)*	= flechten
Weber	*tấtufo(g)*	
wechseln (tauschen)	*tŭláikă*	
(den Platz)	*tāgui, matấgui, ấgo*	
wecken	*pánġon*	*ja' ho'!*: wache auf!
weder — noch	*táia — táia, ni — ni*	*táia*: nichts; *guia ni tata, ni nana*: er hat weder Vater noch Mutter
Weg	*tchấlan*	
wegen	*să, pot*	(*por*); *pot i njấmo tisńia maigo*: man kann nicht schlafen wegen der Mücken
wegnehmen	*tchấlĕ*	

wegwerfen (wegziehen)	*jũte, jóte*	ein Haus verlassen
wehen	*mangguaife, guaife*	vgl. *mánglo*: Wind
Weib, weiblich	*palánan*, Plur. *famalanan*	
Weiberrock	*lúpes, i lípes*	
weich (auch v. Gemüth)	*mánianiă, mahániaf*	
(schlapp)	*niăfŭlă*	
weil	*sá, saháfa na*	= also; *este na hånum ti mauleg, sa maåsen*: dieses Wasser ist nicht gut, weil es salzig ist
weinen	*tángis, tumángis*	
weinerlich	*gatumángis*	
weiss	*ăpăkă*	dagegen *åbaka*: Manilahanf; *apăkă*: Schulter
weit (entfernt)	*tchăgo*	
(geräumig)	*măguag*	= breit
welcher? -e?	*håie, håie síha*	*håie na táutau?* welcher Mann? *håie na táutau siha?* welche Männer?
welcher (Relt.)	*jă, ná, ni*	*măno i tautau, jă este gualonía?* wo der Mann, welchem dieses Feld (sein)? *i tautau, na* (oder *ni*) *estábaguine*: der Mann, welcher hier war
Welle (klein, ohne Schaum)	*malínau*	
(klein, mit Schaum)	*tcháutchau*	
(Dünung)	*lánga(g)*	
wenden (sich)	*bíra*	
	léyle(g)	
wenig	*dididi*	
Weniges	*dinididi*	
wenn (causal)	*gin*	
(zeitlich)	*ngáian*	
wer?	*håie*	*håie hau!* wer da!
werden (Hilfsverb.)	Fut.: *buente, ámam, tiámam;* Pass.: Vorsilbe *ma-*	(d. h. vielleicht, nach längerer Zeit, nach kurzer Zeit)
werfen	*dágau*	= schleudern
	făgas, ăguet	
(weg-)	*jũte, jóte*	
Wespe	*sasáta*	
Westen	*san lågo*	
westlich	*gi lågo*	

wetzen (Wasser)	*guása, na'kaláktos*	
wichtig (angesehen)	*mā́gas*	
(theuer)	*guā́guan*	
	bā́le	(*valer*)
wie	*kā́lang, kū́lang*	= als; *este tan dankulo kálang hao*: dieser ist so gross wie du; *este dankulonia kálang hao*: dieser ist grösser als du
(so wie dies, gleichwie)	*taiguihe, taiguine*	
(so wie jenes)	*taiguénau*	
wie?	*hā́fa, hăf*	*hā́fa han?* wie geht es dir?
wieder	*tā́lo*	*hastaque umaliehit tā́lo*: auf Wiedersehen!
wiederaufleben (auferstehen)	*mumā́lo*	vgl. *lā́lă*: lebendig
wiegen	*pḗsă*	(*pesar*)
wieviel?	*fígai*	
wild	*matchā́le*(*g*)	
Wille	*minalā́go*	vgl. *malā́go*: wollen; dagegen *minalắgo*: Flucht
Wimpern	*bā́bale*	
Wind	*mánglo*	
Windstille	*kátma*	(*calma*)
wir (nur wir, nicht ihr)	*híta ta-*	*hita tahā́nau, síha uhasā́ga*: wir gehen, sie bleiben
(wir Alle)	*hämē, häm, en-*	*hämē táutau, tṓdo enísau-häm*: wir sind Menschen, Alle sündigen wir
wirklich	*magáhe*(*t*), *tiddắkun*	vgl. *dắkun*: falsch
wirksam (stark)	*métgot*	
(in Kraft)	*gaibitúd*	(*virtud*)
wissen	*túngo*	
Wittwe	*biū́dă*	(*viuda*)
Wittwer	*biū́do*	(*viudo*)
witzig	*kadī́duk*	= spitz
	kaláktos	= scharf
	géfhilo	*gef*: sehr; *hílo*: oben
wo?	*mā́no, mángge*	
Woche	*semā́na*	(*semana*)
Woge	*lánga*(*g*)	= Dünung
woher?	*ginimā́no*	
wohin?	*amā́no, para mā́no, para mā́no guáto*	
wohl befinden, sich	*hómlo*	
wohnen	*sumā́ga*	vgl. *sā́ga*: bleiben
Wolke	*mapagā́hes*	
wollen	*malā́go*	dagegen *malắgo*: fliehen
(gefällig sein, belieben)	*jā-mo, jā-ho* u. s. w.	es beliebt dir, es ist mir gefällig; vgl. *tchamo* (= *ti jamo*)

wollüstig	*mandjăgai, ăbale*	*ăbale* = weibl. Geschlechtstheil
Wunde	*tchetnot*, Plur. *manjétnot; ámasuan*	*ámasuan* = Narbe
wundern, sich	*mánman*	
Wunsch	*minalăgo, dineséa, ginăgau*	(v. *desear*)
wünschen	*malăgo, tánga, mŭtc*	*mŭto* = einverstanden
wünschenswerth	*tangăjon*	
Wurfspiel	*tánggănō*	Auf ein Stückchen Holz werden die Einsätze in Gold gelegt und aus einer Entfernung von 10—15 m danach mit Steinen geworfen; wer es umwirft, bez. seine Partei, gewinnt.
Wurm	*ŭlŏ, i ílŏ*	
Wurzel	*hălĕ*	*haléon*
Z.		
zähe (v. Fleisch)	*águaguat*	= hartnäckig; vgl. *umdguaguat*: Streit
zählen (rechnen)	*túfong*	
zähmen	*na'manso*	(*manso*)
Zahn (Vorder-)	*nĭfen*	
(Back-)	*lénga*	
Zange	*tenăsa*	(*tenazas*)
zanken (sich)	*umáguaguat*	
zaudern	*ámam*	= lang
	na'atrasăo	(*atrasado*)
Zaun	*kóllat, i kinellat*	(*corral*)
Zaunzieher	*kikollat*	
Zecke	*garapátas*	(*garrapata*)
zehn	*mao(t)not*	
zehnte, der	*mántai*	
zeichnen	*pénta*	(*pintar*)
zeigen	*na'lie, fáta*	
(lehren)	*fanăguĕ, fanŭĕ*	= Arbeit anweisen
Zeit	*tiempo*	(*tiempo*)
zerbrechen (einen Stock, ein Bein)	*hŭlo(k)*	
(ein Glas)	*pŏkă*	
(einen Kasten)	*majŭlan*	
zerreissen	*titi(g), matiti(g)*	
zerstören	*jŭlang, ma'jŭlang*	
(Alles verzehren)	*lătchai*	
(auseinandernehmen)	*madeshăse*	(*deshacer*)

Ziege	*tchíbă*	
ziehen (heraus-, herauf-)	*hāla*	*hāla!* auf!
Zigarre	*tchigālo*	(*cigarro*)
Zimmer	*kuāto*	(*cuarto*)
Zimmerdecke	*kísamē*	
Zimmereinrichtung	*guináhan-gūma*	vgl. *guáha*: etwas; *guináha*: allerlei; *gūma*: Haus
zittern	*láulau*	
Zoll	*derétchon-puétto*	(*derechos del puerto*)
Zorn	*būbo, binibo, linalālo*	
zornig	*ha'būbo, gusēbūbo, lalālo, halalālo*	
zu (zu sehr)	*mámpos, demasiāo*	(*demasiado*)
(örtl.: in)	*gi*	gewöhnlich nicht ausgedrückt; *guā sumásaga Gárapan*: er wohnt zu Garapan
zubinden	*gōte, fūnot, hútchum*	*hútchum* = schliessen
züchten (neue Zucht einführen)	*mámta*	
züchtigen	*sápit*	
Zucker	*māmes*	= süss
	asūka(t)	(*azucar*)
Zuckerpflanzung	*fanupūjan*	
Zuckerrohr	*tūpŏ, i típŏ*	dagegen *tūpŏ, i tipŏ*: Brunnen; *tūbŏ, i tibŏ*: Röhre; ursprünglich wohl identisch und von span. *tubo* stammend
zufrieden	*géfsăgă*	*gef*: gern; *sága*: bleiben
Zufriedenheit	*ginéfsăgă*	
zukünftig	*mámaila*	vgl. *máila*: kommen
Zunge	*hūlă*	
zurückgeben	*nă'nāēlo*	vgl. *nāe*: geben; *tālo*: wieder
zurückhalten	*na'ámam*	vgl. *ámam*: verzögern
zurückkehren	*tumālo*	vgl. *tālo*: wieder
zusammenbinden	*na'āgŏtĕ*	vgl. *gōte*: binden
zusammenlegen (sammeln)	*gūtai*	
zusammentreiben	*na'dánia, na'étnon*	vgl. *étnon*: Heerde
zuschauen (betrachten)	*njūnja*	
zu viel	*mámpos*	als Vorsilbe: *tag-*; *tághilo, tágpapa*
zuvorkommen (überholen)	*fonáiguĕ*	
zuweilen	*agúpahá*	vgl. *agupa*: morgen; *-há*: nur

zwanzig	*hūgua nga mao(t)not*	
zwanzigste, der	*hugujainga mantai; ímina veinte*	
zwei (v. Sachen)	*hūguă*	
(v. Personen)	*ásgan*	
Zweifel	*tchinattúngo, bumuente*	
zweifeln	*tchattúngo*	vgl. *tchat*: nicht; *túngo*: wissen
	hĕkua, humĕkua	
Zweig	*dúngă*	
	rāmas	(*rama*)
zweimal	*dos biáhe*	
zweite, der	*húgujai*	(Rota)
	tináte	(Guam)
Zwiebel	*sebŏjas*	(*cebolla*)
zwingen	*afue(t)sas*	(*à fuerza*)
	atotchoʾtchoʾ	
Zwirn	*hílo*	(*hilo*)
zwischen	*gitălō, éntălō*	vgl. *tălo*: Mitte; *éntalo Luta jan Saipan gaige Tinían*: zwischen Rota und Saipan liegt Tinian;
	gi	*mato gi las seis o las siéte*: er kam zwischen 6 und 7 Uhr
zwölf	*fína hūgua*	
zwölfte, der	*ímina doze*	(Guam)

Chamorro-Deutsch.

Chamorro.	Ableitungen bez. abgeleitet von (die spanischen Ableitungen sind eingeklammert).	Deutsch.
A.		
aámte	*ā́mot, ámte, inámte, amtīon*	Arzt
abā́bang	*ū́lo abā́bang*	Schmetterling
ába(k)		sich verirren
ā́baka		Manilahanf
ā́bale	*gaā́bale*	weiblicher Geschlechtstheil, wollüstig
ábas		Bohne
ábo(g)	*gaiábo(g), umā́bo(k)*	Freund
addáhe		sich hüten, sich in Acht nehmen, sich kümmern; schonen, pflegen; Achtung!
ádalau		o! au! aber!
adamélong		rund
ádau	*inī́nau-ádau*	Sonne
ádemas	(*además*)	ausserdem, übrigens
ádeng		Fuss
ádingān, adingā́ne		sprechen
ádjuka		obgleich; *ádjuka misaláppe taia hananäe*: obgleich er reich ist, hat er nichts gegeben
ádjukă — ádjukă		bald — bald
adkī́la	(*alquilar*)	miethen, vermiethen
adomítite		allmählich
adora	(*adorar*)	anbeten
adó(t)na	(*adornar*)	schmücken
adótno	(*adorno*)	Schmuck
áfo(g)		gebrannter Kalk
afotunā́o	(*afortunado*)	glücklich; gut abgelaufen
afué(t)sas	(*à fuerza*)	zwingen
afújo(t)		einwickeln
ā́gă		reife Banane
åga		Rabe (nur in Rota vorkommend)

ágắga	*inagága*	roth
ágắ'ga'		Hals
ắgang, agánge		herbeirufen, zur Verantwortung ziehen
agápa		rechts
ắgin		sobald als
aglíĕ	*líĕ*	vernachlässigen
ắ'go		Platz wechseln, tauschen
ắgon		gekochter Taro, Brot
agradése	(*agradecer*)	danken
água guat	*umáguaguat*	zähe, hartnäckig
ắguet		werfen
agúpa	*inagupánia*	morgen
agupahá	*-há*	zuweilen
áhē	*umáhē*	nein
ai	*umáiai*	o! au!
ắjau	*umắjau, uáajau*	borgen
ắjeg		wählen
ắjin		1. dieser; *ắjin na botéjā*: diese Flasche; 2. hier; *ắjin jo*: hier bin ich
ắjo		jener (uns Beiden fern); *ắjo mena*: sodann
ājo-ná		also, daher
ajắdă	(*ayudar*) *inajắda*	helfen
ajắjo		Kokoskrebs
ajắnat	(*ayunar*) *umajắnat*	fasten
áka		beissen
ắkaguĕ		links
akompắra	(*acomparar*)	vergleichen
akonsẽha	(*aconsejar*)	warnen
ắlā	(*ắra*)	Korb aus einem geflochtenen Palmblatt
alắdo	(*arado*) *manalắdo*	Pflug (hier unbekannt; doch wird die Lockerung der Erde mit dem Stosseisen, *fusinios*, als *alắdo* oder *manalắdo* bezeichnet)
alakrắn	(*alacran*)	Skorpion
ắlanga	*inắlanga*	blödsinnig, einfältig
alígau		suchen, holen
âlo(g)		mittheilen, melden
ámam	*inámam, na'ámam*	lange; zaudern, verzögern
amắno	*mắno*	wohin?
ámasuan		Wunde, Narbe
amígo	(*amigo*) *umamígo*	Freund

ámko	*inámko, tiámko*	alt
ámo(t)	*inámo(t)*	rauben
ắmo(t)	*inámte*	Arzenei
amótso	(*almuerzo*)	Frühstück
amson		e. kleine weisse essbare Muschel
amte	*aámte, ắmot, amtíon*	heilen
an		wenn; *anti mámaigo bumábaila*: wenn sie nicht schlafen, tanzen sie
ắna		immer; *ắna tailaje hau*: du bist immer unartig
ánai		als, während; *i batko mato ánai estábajo Luta*: das Schiff kam an, während ich in Rota war
anáko	*na'anáko*	lang
angíles		Indigopflanze
ánglo	*na'ánglo*	trocken, dürr
angóko	*inangóko, taiinángoko, tchatangóko, tchatfanangoko, timanángok*	vertrauen, hoffen, anvertrauen
ánha		immer
ánhe(t)	(*angel*)	Engel
ắniau	*maắniau*	siegen
aníneng		Schatten des künstl. Lichtes
aníte		Teufel, Gespenst. Die Chamorros glauben an Waldteufel, Heiden, welche in den Ruinen ihrer Vorfahren und in Höhlen wohnen. Wenige wagen es, etwas aus den Ruinen fortzunehmen, etwa einen »Lusong«; denn die »Anite« strafen mit Krankheit und Tod.
ánkla	(*ancla*)	Anker
áno(k)		in der Ferne erscheinen (z. B. ein Schiff)
ántaja(g)		Dieb
ante		Seele, Herz
antes de	(*antes de*)	vor (zeitl.)
apắga	*apayáje*	Schulter
apajúha(g)		Kakerlak
ắpăkă		weiss
ápas	(*apaciguar?*)	Belohnung, Bezahlung
apắse		bezahlen, vergelten
áplatcha		schmutzig, gemein
áplok		kleine unreife Kokosnuss

apū́ja		Nabel
arḗgla	(*arreglar*) *inarḗgla*	ordnen, ausgleichen
ariésga	(*arriesgar*)	wagen
ā́s		Dat., Abl. des Artikels *si* vor Personennamen; unter der Obhut von
ā́sado(t)	(*asador*)	Bratspiess
asā́gua	*umásagua, umasā́gua*	Gatte
asga		Schwefel
ásgan		zwei (bei Personen)
ásgon		Nebel
ásgue	*ásga*	ausräuchern
asíĕ	*inasíe, gaiasíĕ*	verzeihen
asígă		Salz
asne	*maásne*	einsalzen
ā́so	*umáso*	Rauch, Dampf
ásta	(*hasta*)	bis
asū́ka(t)	(*azucar*)	Zucker
ā́sun		sich legen
asū́(t)	(*azul*)	blau
ā́ta(d)	(*altar*)	Altar
ā́tago		Kreuz (am Körper)
átau!		siehe da!
átbidon	(*almidon*)	Stärke (v. Pfeilwurz oder »Gaugau«); stärken
átboróta	(*alborotar*)	unterbrechen, stören
atchai		Kinn
atcháka		beschuldigen
atchámtcham		Unterkiefer
átcho		Stein, Fels
atchonjánjak		Riff
átilong		schwarz
atíto	(*atento*) *inatitúje*	aufmerksam
atitúje		nachsehen, spioniren; Spion
ā́tŏ		bringen
ā́tof		Dach
atotáje		verbieten
atotchótcho	*fatchótcho*	zur Arbeit zwingen
ató(t)ga		{ wagen
atrḗve	(*atreverse*) *inatrevído*	
ā́tungo	*tungo*	bekannt
atū́pat		eine gewisse Art des Fischens: in einer Reuse befindet sich ein runder Stein (*atcho atū́pat*), auf welchem eine halbe Kokosschale, mehrfach durchlöchert, befestigt ist; in ihr ist der Kö-

		der, zerstossene Kokosnuss, der durch die Löcher austritt und die Fische in den Korb lockt.
auśilio!	(*auxilio*)	Hülfe!

B.

bā́bă		öffnen
bǻbă	*binā́ba*	dumm, wahnsinnig
bắ'bẵ		durchprügeln
bā́bale		Augenwimpern
bā́bui	*bumābui*	Schwein
bäē		eine Wunde verbinden
báila	(*bailar*)	tanzen
balágbay		Korb, aus Pandanus geflochten
bā́le	(*barrer*)	mit dem Besen fegen
bǻle	(*valer*) *gáibålĕ, tái-bălĕ, nataibale*	gelten, kosten; wichtig
balĭ́nia	(*valer*)	kosten; *kuanto balĭ́nia?* was kostet es?
baljḗna	(*ballena*)	Walfisch
balū́tau		einwickeln
banidṓso	(*vanidoso*) *bumánida, bumanidóso*	eitel, hochmüthig
bánko	(*banco*)	Bank
baráto	(*barato*)	billig
barḗna	(*barrena*)	Bohrer
basī́ha	(*vaciar*)	leeren
básna(g)	*binásnag*	fallen
básta	(*basta*)	es genügt
bastón	(*baston*)	Stock
batángga	(*batanga*)	Wagenschleife: Wagen ohne Räder, vorn das Joch für den Zugstier; in unwegsamem Gelände (Rota) üblich.
bátche(t)	*binátchet*	blind
bátchot		Mund von Mensch, Thier und Vogel
bátsa	(*balsa*)	Floss
bátsăla	(*balsa?*)	auf der Erde schleifen
batū́nes	(*boton*)	Knopf
belémbau-bátchot	*bátchot*	Mundharmonika aus e. kleinen Stück Bambus, in welches eine vibrirende Zunge eingeschnitten ist; der halbgeöffnete Mund dient als Resonanz,

		die Zunge des Instruments wird mit dem Finger angeschlagen.
belémbau-tū́jan	*tū́jan*	Bauchguitarre: Bogen aus Holz mit einer Metallsaite; auf der Rückseite des ersteren ist die Hälfte einer harten Kürbisschale als Resonanzboden befestigt, welcher beim Spiel auf den Bauch aufgesetzt wird. Die Saite wird mit einem Stab aus Holz angeschlagen.
benā́do	(*venado*)	Hirsch
béndas	(*vendar*)	den Kopf verbinden
bénde	(*vender*)	verkaufen
bendíse	(*bendecir*)	segnen
bēníte		Schmerz empfinden
bénse	(*vencer*)	siegen
bénta	(*venta*)	Verkauf
betguḗlas	(*viruelas*)	Blattern, Pocken
biáhe	(*viaje*)	Mal; *dos biáhe*: zwei Mal
bī́be(k)	*bumī́bek*	Signalpfeife
bié(t)nes	(*viernes*)	Freitag
biho	(v. *viejo?*) *biniho*	alt
binā́ba	*bā́ba*	Dummheit, Wahnsinn
binásna(g)	*básna(g)*	Sturz, Fall
binátche(t)	*bátchut*	Blindheit
binī́bo	*búbo*	Ärger, Zorn
biniho	*biho*	Greisenalter
bī́ră		umwenden (z. B. ein Buch)
biū́da	(*viuda*)	Wittwe
biū́do	(*viudo*)	Wittwer
bō̆bŏ		ausspucken
bṓbo, i bḗbo		Quelle
bōlō̄		Buschmesser der Tagalen
botḗja	(*botella*)	Flasche
botsa, i betsa	(*bolsa*)	Tasche, Sack
botsío	(*bolsillo*)	Geldbeutel
bróas	(*broa*)	Kuchen
bū́bo	*binī́bo, na'bū́bo, ninabúbo*	sich ärgern
buénte	*bumuente*	vielleicht; auch zur Bildung des Fut.; *buente hufalag-jo*: vielleicht werde ich kommen
bū́lă	*na'bū́lă*	voll
bū́lan		Brotfrucht einmachen: die geschälten Früchte werden in

		einer Grube auf Bananenblätter gelegt, mit Blättern bedeckt und mit Steinen beschwert.
buliko	(*burro*)	Esel
bumā́bu	*bā́bui*	Schweine jagen (geschieht mit Hunden oder Schlingen)
bumalátcho	(*borracho*)	sich betrinken
bumanidá	(*vanidad*)	sich rühmen, prahlen
bumanidṓso		sich rühmen, prahlen
bumeste	(*vestir*) *na'beste*	sich schmücken
bumiáhĕ	(*viaje*)	Reise, reisen
bumíbek	*bíbek*	pfeifen mit einer Pfeife
bumuénte-só(g)ne	*só(g)ne*	vermuthen

D.

dā́de(k)		ganz kleine, unreife Kokosnuss
dâgan		Hinterer
dạ̄gau		werfen, Schleuder; sie bildete neben der Lanze (*gū́gat hâlam*) die Hauptwaffe der alten Chamorros in ihren Kämpfen mit den Spaniern. Die elliptischen, beiderseits zugespitzten, oft sorgfältig gearbeiteten Steine von Walnuss- bis Faustgrösse (*atchon-dā́gau*) findet man häufig auf allen Inseln.
dā́ge (Saipan)	*pádag-dā́ge*, *dinā́ge*, *timandā́ge*	lügen, betrügen
da(g)nas	*dinágnas*	kahl
dâgo		Njame
dákot		auf den Kopf schlagen
dákun	*dinā́kun*, *tidákun*	falsch, unzuverlässig
dā́lalai	*dinā́lalai*	dünn
dā́mo(t)		Hodensack
dándan		läuten, ein Instrument spielen
dánge	*dinánge*	feig
dánkulo	*na'dánkulo*	gross
dántche		treffen; *dántche tā́lo*: in die Mitte treffen
dásai		scheeren, die Haare schneiden
debṓto	(*devoto*) *dinebṓto*	gläubig, fromm
dékiki	*na'dékiki*	klein
derétchon-puétto	(*derechos de puerto*)	Zoll

desde	(*desde*)	*desde este*: von hier; *asta i tåno*: bis zur Insel
déska		ohrfeigen
deskánsa	(*descansar*)	ausruhen
destilådo	(*desterrar*)	verbannen
di! diaha!		siehe da!
dắbe	(*deber*)	müssen, schulden
dídidi	*dinídidi*, *na'dídidi*	wenig
dilíndin	*díndin*	mehrmals klingeln
dilíngding	*díngding*	mehrmals klingen
dinắge	*dắge*	Lüge, Falschheit
dinå(g)nas	*då(g)nas*	Kahlheit
dinắkun	*dåkun*	Lüge, Falschheit
dinắlalai	*dálalai*	Magerkeit; sehr dünn
dinánge	*dánge*	Feigheit
díndin	*dilíndin*	ein Mal klingeln
dinebŏ̈to	*debŏ̈to*	Frömmigkeit
dineséa	(*desear*)	Wunsch
díngding	*dilíngding*	ein Mal klingen
díngo		verlassen, sich entfernen
dinídidi	*dídidi*	Mangel, Weniges
dístingge	(*distinguir*)	auszeichnen
dŏ̈bla	(*doblar*)	biegen
dŏ̈ble, *i déble*	(*doble*)	doppelt
dóda(k), *i dḗda(k)*	(*dedal*)	Fingerhut
dŏ̈ga, *i dḗga*		Sandale: ein einfaches Stück gegerbtes Kuhleder, mit Riemen am Fuss befestigt
dolíle		eine kleine Schnepfe
dominggo	(*domingo*)	Sonntag
dŏ̈mŏ̆		mit der Faust hauen
dŏ̈ne		Pfeffer, ähnl. Paprika
dúlala(g)		folgen, verfolgen, vertreiben
dúlo(g)		durchlochen, mit dem Messer stechen
dúngă		Ast, Zweig

E.

ébabui	*bábui*	Schweine jagen
éfnie	*fanie*	fliegende Hunde jagen
égăgă		beaufsichtigen; *égăgă i tche'tcho'*: die Arbeit beaufsichtigen
ég'go		eifersüchtig
éguihan	*guihan*, *uméguihan*	fischen
éja(k)	*uméja(k)*	nachahmen

ékahat	*umékahat mamókat*	langsam
éklau	*inéklau*	krumm
ékungu(k)	*húngu(k)*	horchen, wahrnehmen
élemai	*lémai*	Rima suchen (Brotfrucht)
embéste	(*embestir*)	handgemein werden
embídia	(*envidia*)	Neid
émo(g)	*niémo(g)*	rächen
en-		(Conj.-Vorsilbe): wir Alle; *hämē enlíe*: wir Alle sehen
énau	*taiguénau*	jener (mir fern, dir nahe); *enau ména*: alsdann; *tienau ha* — *sino lŏkue*: nicht nur — sondern auch
en bés de	(*en vez de*)	anstatt
ensegídas	(*en seguida*)	sogleich, sofort
éntălo	*tălo*	zwischen
épăpă	*sanpápa, tágpăpă*	niedrig
épo(k)		locken
esalăgue (Rota)		rufen
esităne		spotten
eskóplo	(*escoplo*)	Meissel
eskuéla	(*escuela*)	Schule
éstĕ	(*este*)	dieser
estó(t)ba	(*estorbar*) *inesto(t)ba*	hindern, stören
étchong	*inétchong*	krumm
etchongnia	*na'etchongnia, gai etchongnia na luka*	drüben
étiníngo		klug
étses		eine Koralle

F.

fădila	*finaăila*	anklagen, anzeigen
faaniăgue	*minaănian, máanian, finaaniăgue*	drohen, ängstigen
faborése	(*favorecer*)	begünstigen
făe		ungeschälter Reis
făe(t)		versalzen
fa'famaule(g)	*máule(g), famaule(g)*	Ordnung schaffen; günstig
făgas		werfen
fagáse	*gásgas*	reinigen, waschen
fáhan	*fináhan*	kaufen
fahănum	*hanum, mamahanum*	schmelzen
failăje pumŭno	*táilaje? pŭno finăilaje pinino*	morden
faise(g)năne	*fáisen*	zur Rede stellen, verhören
fáisen	*finăisen*	fragen

fāje		kundig, schlau
fákai		theilen
fá'kĕ		unterstützen
fálag		gehen, eilen nach
falågo	(*malágo*)	laufen; hurtig!
falálago		Läufer, Bote
famåga(t)	*pāgat*, *pinágat*	ermahnen
famagūon	Sing. *pátgon*	Kinder, besonders Schulkinder
famaláuan	*palauan*	Weiber
famamótso	*amotso*	das Frühstück bereiten
famatkílo	*mamatkílo*, *matkílo* (*tranquilo*?)	schweigen
fa'máuley	*mauley*, *lumamáuley*,	ordnen, vorbereiten
fa'máulike	*fa'famáuley*	
famílía	(*familia*)	Familie
fāna	*fanāgue*, *finanāgue*, *fanūe*	anschauen
fa'nāan	*nāan*, *nafanāan*	benennen, Namen geben
fanāgue	*fāna*, *finanāgue*, *fanūe*	lehren, unterrichten, zeigen
fanbatbas	(port. *facerabarba*)	rasiren
fanelāguan	*lāguan*?	Fenster
fangamutíjan	*kamute*	Batatepflanzung
fanggatchāan		Fusssohle
fangguallūan	*gualo*	Pflanzfeld
fanhūla	(*jurar*)	schwören
faniaājan	*fāe*	Reispflanzung
fanī'ĕ	*éfnie*	fliegender Hund
fanjodājan	*tchoda*	Bananenpflanzung
faniјùkan	*nījo*(*k*)	Kokospflanzung
fanjupājon	*tchupa*	Tabaksfeld
faniumnāgon	*somnak*	Trockenzeit
fanjuníjan		Kanelpflanzung
fanomāgan	*humōmay*	Bad
fanūe	*fanāgue*, *fāna*, *finanūe*	zeigen, anweisen
fanupūjan	*túpo*	Zuckerrohrpflanzung
fanutchānan	*útchan*	Regenzeit
fáta		zeigen
fatātchong	*matātchong*	sich setzen
fátche	*ka'fatche*	Lehm, Strassenschmutz
fa'tchó'tcho'	*fá* = *fatinas*; *tchotcho*, *matchotcho*, *tchetcho*, *na'tchotcho*	Arbeit, arbeiten
fátfat		vier
fátfatai		der vierte

fátfat nga maotnot		vierzig
fatinakon	*fatinas*	ausführbar
fatī́nas	*fa'-, na'-, ma', na'-fatínas, mamatī́nas*	machen, thun
fáto	*fináto, máto*	vor Gericht u. s. w. erscheinen
fa(t)so	(*falso*)	falsch, unecht
fátta	(*faltar*)	Fehler, Verlust; fehlen
faulúlos (Rota)		klettern
féddos (Saipan)		klettern
féhenau	(*vehemente*)	heftig
felī́s	(*felis*)	glücklich
fenḗna s. *finena* (Guam)	*mena*	der erste, insbes. der Erstgeborene: *i fenḗna napátgon*
fífilag	Plur. *manífilag*	Flechter
fígai		wieviel?
fího	(*fijo*)	bestimmt
fíla(g)	(*hilar,* alt *filar?*)	flechten (einen Strang, Zopf, nicht ein Gewebe)
fina-		zehn (in der Zusammensetzung): *finahátcha*: 11; *finahúgua* 12 u. s. w.
finaáila	*faáila*	Klage, Beschuldigung
finaaniā́gue	*faaniā́gue, máaniau*	Drohung
findgpo'	*mågpŏ, na'fagpo*	Ende
finā́han	*finā́han*	Kauf, Waare
fináilaje pinī́no	*fáilaje pumū́no; tái-laje? pū́no*	Mord
fináisen	*faisen*	Frage
finaná'gue	*fanā́gue, fā́na, fanúe*	Unterricht, Anweisung
finaniågo	*maniā́go*	Geburt
finánū́e	*fanū́e, fā́na, fanā́gue*	Muster, Probe
finåtai	*mátai*	Tod
finåto	*máto*	Ankunft
finefótgon	*fofótgon, fótgon*	Feuchtigkeit
finḗna	*mona, mena*	der Vordere, Erstgeborene
fī́no	(*fino*)	fein
finuhåja	*håja*	die Chamorro-Sprache (Sprache des Ostens)
finulågo	*lågo*	die spanische Sprache (Sprache des Westens)
fitgujai		der siebente
fi(t)me	(*firme*), *nafitme*	fest
fito		sieben
fito nga mao(t)not		siebzig
flecha	(*flecha*)	Pfeil
flṓres	(*flor*) *mámflóres*	Blume

fofótgon	*fótgon, finefótgon, nafótgon*	feucht, nass
fógse i letche	(*leche*)	melken
fōna	*mōna, máfona, mēna*	vorausgehen
fo'náigue	*finena, mena*	zuvorkommen, überholen
fótgon	*fofótgon, finefótgon, nafótgon*	feucht, nass
fótte	(*fuerte*)	stark, kräftig (z. B. Tabak)
fottū́na	(*fortuna*)	Vermögen
fuera de	(*fuera de*)	ausser
fū́gö		frieren
fū́gŏ	(*jugo*) *hū́gum*	auspressen: Saft
fū́no(t)		zubinden
fusínios, i fisínios	(port. *a foucinha*)	Stosseisen zum Unkrautjäten u. Erdelockern (einziges Werkzeug der Bodenbereitung hier)

G.

gắ-	*gá'ga'*	gehörig (bei Thieren); *gáho*: mein; *gámo*: dein; *gania*: sein; *gáta*: nur unser; *gamáma*: unser Aller; *gamío*: euer; *gania*: ihr
gaā́bale	*ābale*	geil
gáda		unreif
gádbo		hübsch, schön
gắdo		Wildrübe
gắf		im Hundeschritt schwimmen
gáfau		eine Koralle
gá'ga'	*gắ-; inétnongága*	Thier
gá'ga'nagumúgupo	*gúpo, gumúpo*	Vogel
gā́gau	*ginā́gau*	geil; inständig bitten, verlangen
gǻgo	*ginā́go*	faul, träge
gai	*gáiga, gáiijo, gaiábo(k)*	haben
gaiábo(k)		einen Freund lieben
gaiā́se	*jṓase, gaiasíe, gaimaā́se, mindáse*	bemitleiden
gaiasíĕ	*asíe, inasíe, gaiā́se, gaimaā́se*	bedauern, verzeihen
gáibălĕ	(*valer*) *vålĕ, táibălĕ*	gültig
gaibátbas	(*barba*)	bärtig
gaibitú(d)	(*virtud*)	wirksam, gültig
gai etchongina na lū́ka	*étchong* (*lugar*)	überall
gáiga	*gai*	besitzen
gaige	*gai, gui, ginaige*	anwesend; sich befinden; *gi Lúta gaige benā́do*: in Rota ist Hirschwild

gáiijo	*gai, ijo-, gindiejo, gumáiejo*	besitzen
gáikŏló(t)	*gai (color)*	bunt, farbig
gaimaā́se	*gaiā́se, jŏ́ase*	bedauern, verzeihen
gáipekā́	*pĕ́ka*	Beamter
gaisísiniă	*sínia*	dürfen
gā́jo	*(gallo)*	Hahn
galågo	*ga'ga' lågo?*	Hund
galáite		Boot, Kahn
galapátas	*(garrapata)*	Zecke
galotáso	*(garrotazo)*	Prügel, Hiebe
galū́te	*(garrote)*	Prügel, Stock
gamā́mis	*mā́mis*	leckermäulig, Süssigkeiten liebend
gā́na	*(ganar) ginā́na*	gewinnen, verdienen
gā́ne		stranden
gás'gas'	*na'gásgas, fagā́se, mā́gas*	rein, keusch, ehrlich, anständig
gásta	*(gastar)*	ausgeben
gasto	*(gasto)*	Ausgabe
gasumalamanka		linkisch
gátchai	*(hacha)*	Axt
gā́to	*(gato)*	Katze
gatumángis	*tangis*	weinerlich
gaumĕ́ja(k)	*gágau, ĕ́jak*	neugierig
géf		sehr, gern
géfguaia	*guáia, ginéfguaia*	lieben
géfhilo	*gihilo*	witzig
géfsăgă	*saga, ginéfsaga*	zufrieden
géftau		freigebig
ges		sehr
gi —		1. a) befindlich; *gi hålum*: innen; *gi hī́jung*: draussen; *gi hī́lo*: oben; b) zur Zeit; *gi égaā̆n*: Morgens; *gi taloā́ne*: Mittags; *gi pupuenge*: Nachmittags; *gi painge*: Nachts; 2. heimisch; *gi pā̆lau*: karolinisch; *gi lågo*: (westl.), spanisch; 3. *gi magni*: diesseits; *gi otro banda*: jenseits; 4. bei; *saga gi ja guáho*: bleibe bei mir; 5. über; *sijúos gaige gi táutau*: Gott steht über dem Menschen; 6. unter; *gi proteksion*: unter dem Schutz
giflā̆men	*gef, goflā̆men, giniflā̆men*	schätzen, lieben

gigau		Fischreuse
gigon, gigonhá		sobald als
gimen	*ma'gimen*	trinken; Getränk
gin		wenn, wann
ginăgau	*găgau*	Wunsch, Verlangen
ginăgo	*gågo*	Faulheit
ginaiejo	*gaiejo*	Eigenthum
ginaige	*gaige*	Gegenwart, Anwesenheit
ginănă	*gănă (ganar)*	Gewinn, Sieg
gine		1. kommen von; 2. Hülfszeitw. der Vergangenheit = *hágas*
gine ájin		diesseits; *gine ájin i sådok*: diesseits des Flusses
gine este		von hier
gine măge		hierher
ginéfguaia	*gef. guaia*	Liebe
ginéfsăgă	*gef. săga*	Zufriedenheit, Glück
ginégue	*gögue*	Schutz
giniflămen	*giflămen, goflămen*	Achtung
giniflíe	*goflíĕ*	Liebe, Leidenschaft
ginimăno	*măno*	woher?
ginísa	*(gozar?)*	Gulasch
gităło	*tălo*	zwischen
gobie(t)na	*(gobernar)*	lenken
gof		sehr, gern
gófes, i gefes	*(bofes)*	Lunge
goflămen	*giniflămen, magoflămen*	schätzen, achten, lieben
goflíĕ	*líĕ, măgof, giniflíe, umagoflíe, inagoflíe*	lieben
gögue	*ginégue*	schützen, vertheidigen
göha, i géha		Fächer
gǒlai		Gemüse
golöso	*(goloso)*	gefrässig, unmässig
gónggong		brummen, murren
göpĕ		springen
gösa	*(gozar) ginísa*	geniessen
göta	*(gota)*	Tropfen
göte	*na'ágote*	zubinden, anbinden, festhalten
guåfa(g)		Matte
guåfe		Feuer
guăgse		schälen
guăgualo	*guălo*	Landmann
guăguan		wichtig, theuer, kostspielig
guáha	*guináha, gumuáha, miguináha*	etwas; vorhanden; besitzen

guȧha nai — guȧha nai		bald — bald
guȧho		ich; *guăguahohá*: nur ich
gudia	*géfguaia, tchátguaia*	gefallen
guaife	*mangguáife*	blasen, hauchen
guailaje	*táilaje, guináilaje, tiguáilaje, gumáilaje*	nöthig, nützlich; bedürfen
guáka	(*vaca*)	Rind; *paláuan na guáka*: Kuh; *láhe na guáka*: Stier
gualíe(*g*)		eine Eidechse
guȁlo	*guăgualo*	Pflanzfeld
guȁlo(*g*)	*guátgujai*	acht
gulắo(*g*) *nga mao*(*t*)-*not*		achtzig
guȧ'om		gebogen
guȁot		Treppe
guȧsa		wetzen, schärfen
guátgujai	*guȁlog*	der achte
guȧto		dorthin
guéla	(*abuela*)	Grossmutter
guélo	(*abuelo*)	Grossvater
gűgan		die Maiskolben entkernen
gűgat, i gígat		Nerv, Ader
gűgat hȧhum		die Lanze der Alten, vorn mit einem zugespitzten Menschenknochen
gúha		keuchen vor Anstrengung
guía, guī		er, sie, es; *guía ugoflíe = ugoflíe gui*: er liebt
guíeng		Nase
guífĕ	*mangguífe*	träumen
guíhan		Fisch
guíhĕ	*taiguihe*	dort; *éstagui*: dort ist
guinȧha	*guȧha, miguinaha, guináhan gűma*	allerlei
guináhan gűma		Zimmereinrichtung
guináilaje	*guáilaje, táilaje*	Nutzen
guíne	*taiguíne*	hier; *guíne guī*: hier ist er
guíne mȧge		hierher
gűle(*g*)		mahlen
gűma, i gíma	*mama`gima*	Haus
gűma jűos	*jűos* (*dios*)	Gotteshaus, Kirche
guma manmalángo	*malángo*	Krankenhaus
gumái'ejo	*gáiejo, gai*	gehören
gumáilaje	*guáilaje, guindilage, táilaje*	nützen, taugen

gumátchon		einträchtig
gumuáha	*guáha*	besitzen
gumúpo	*gúpo*	fliegen
gúnum	*gu(t)mejai*	sechs
gúnum nga mao(t)not		sechzig
gǘot	*gǒte*	ergreifen, festhalten
gúpö	*gumúpo; gá'ga' gumúgupo*	fliegen
gǘpo(t), i gípo(t)		Feier, Festlichkeit
gǘse		schnell, bereit
gǘse-gǘse!		rasch!
gusēbǘbo	*gǘse, bǘbo, biníbo*	zornig
gǘtai		zusammenhäufen
gú(t)mejai		der sechste

H.

-há		nur; *estehá*: nur dies; *guắguahohá*: nur ich; *hitahá*: nur wir; *un guákaha*: nur ein Kind
ha-		Conjug.-Vorsilbe der 3. Person Sing. (= *u-*); *halí'ě*: er sieht
haắne	*ǒgaān, taloắne, nahắne*	Tag; *gihaắne*: Tags
haániau	*maániau, ániau*	siegen im Kampf
ha'átcha	(*hacha*)	schmieden
habásnag		hinfällig, leicht umfallend
hắbon	(*jabon*)	Seife
habǘbo	*bǘbo, biníbo, gusebǘbo*	zornig
hădắgam		mit dem Boot landen
hadín	(*jardin*)	Garten
hadíngo	*díngo*	Vermögen hinterlassen
hådje s. *håi*		
hắ'e		Stirn
haf, háfa	*hináfa*	was? wie? *háfa hau?* wie geht es dir?
håfot		beerdigen
hắgă	*namohắga, mehéga, mahága, kahága*	Blut
hắga	Plur. *hahắga*	Tochter
hågan		Schildkröte
hágas		fertig; Hülfszeitw. der Vergangenheit; *guáho hagas lĭě*: ich sah

hågo, hao		du; *hågo mauleg = mauleg hao*: du bist gut
hăgói		Lagune
hắgon		Blatt
hắgong	*hinắgong*	athmen
hắgue(t)		Angel
hagúha	*(aguja)*	Nadel
håja, san håja		Osten
håi, håie?		welcher? *håie na tautau?* welcher Mann? wer? *håie hao!* wer da! *håie naánmo?* wie heisst du?
håie siha?		welcher?
háilas	*hanaáilas*	Nahrungsmangel
håio	*trónkon-håio*	Brennholz, Pfahl
hắla		ziehen, heraus-, heraufziehen; *hắla!* auf!
hắlag		selten
halalålo		jähzornig
hắlĕ		Wurzel
halīon		entwurzelbar
hålum	*na'hálum*	Inneres; herein! *san hálum, gi hålum*: in, innerhalb
hålum tắno	*tắno; humắlum-tắno*	Wald
halṻo		Haifisch
hämē, häm		wir Alle; *häme enlíe = enlíe häm*: wir sehen
hämio		ihr; *hämio onlíe = onlíe hämio*: ihr sehet
hámlĕ́fă	*namalĕ́fa*	vergesslich
hanaáilas	*háilas*	verwüstet
hanasúsu	*súsu*	säugen
hanau	*humắnau, hinắnau, nahánau*	gehen, fortgehen
hắnum	*fahắnum, mama-hắnum*	Wasser
hắnun		brennen; Feuer! (nur unpersönlich)
háo, hågo		du, dich; *guaho hukastiga háo*: ich strafe dich
hásan	*humásan*	mangeln
háspog		satt
hásso	*hasúje*	denken
hắsujai		der erste (bei Personen und Sachen
hasṻje, hasúsuje	*hásso, hinasṻje*	beabsichtigen
hasṻle		Aal
håtcha		eins (bei Sachen)

hatcháigua	*umátchaigua*	gleich, angemessen
hatchatli'ě	*tchatliě*	Feind
hătĭtip		eins (bei Menschen und Thieren)
hátsa	(*alzar*)	vom Boden aufheben
há'uf		Brust
hěkua	*humékua*	nicht wissen, zweifeln
heléngga	(*jeringa*)	Spritze
heréda	(*heredar*)	erben
heréro	(*herrero*)	Schmied
Hesūs!		mein Gott!
hígai		die geflochtenen Palmblätter zur Bedachung
híhot, Plur. *maníhot*	*humíhot*	nahe
híhuna	*hūna*, *hinína*	Gift, giftig
híjung	*hiníjung*, *humūjung*, *na'hūjung*, *nanahujung*	hinaus
hilítai		Leguan
hílo	*hūlo*, *géfhilo*	oben, über; *gi hílo*, *san hīlo*; *híloógso*: Berggipfel
hílo	(*hilo*)	Zwirn
hináfa	*háfa*	Sache
hinăgong	*hăgong*	Athem
hinănau	*hănau*, *humănau*	Abreise
hinasso	*hásso*	voraussetzen; *hinasso-ko*: ich setze voraus
hinasūje	*hasūje*, *hasso*	Überlegung, Absicht
hinégsa		gekochter Reis
hinémlo	*hómlo*, *humóhomlo*	Gesundheit
hinījung	*hījung*, *humūjung*	Abreise
hinína	*hūna*, *hihūna*	vergiften
hipăto	(*hepatico?*)	blass
hita, *hit*		wir, nur wir; *hitatahănau* (*tafanhănau*) = *t. hit*
-ho, *ko*	*ijóko*	als Nachsilbe: mei; *gumăho*: mein Haus
hŏbă (Saipan)		lecken
hóddě		klimmen, klettern
hó(d)jat		reiben
hófla(g) (Rota)		lecken
hŏguě		tragen (ein Kind)
hŏka		sammeln
hŏko(g)		Ende; fertig!
hómhom	*na'hómhom*	dunkel, finster
hómlo	*hinémlo*, *humóhomlo*	gesund; sich wohl befinden
hongang		Jemand erschrecken

hóngge	*húnggan, hunggū́o, hunguk, timanhungge, manhungge*	erlauben, gewähren, zugeben, glauben (geistlich u. weltlich)
hṓnio		nach unten drücken
hótno	(*horno*)	Backofen, Ziegelofen
hu-		als Conj.-Vorsilbe: ich; *guáho hulĭĕ*
huḗbes	(*jueves*)	Donnerstag
huḗgo	(*juego*)	Spiel
hugándo	(*jugar*) *manhugándo*	spielen (Kinder- und Unterhaltungsspiel)
hū́guă		zwei (bei Sachen)
hū́gua nga mao(t)not		zwanzig
hū́gujai		der zweite
hū́gum	(*jugo*) *fū́go*	auspressen
hūjung s. *hī́jung*		
hū́lă		Zunge
hū́lŏ = *hī́lo*	*na hū́lo*	oben
hū́lō, i hī́lō		Donner; donnern
hū́lo(k)		brechen (einen Stock, Knochen)
humā́lum-tā́no	*hålum, tā́no*	jagen
humā́nau	*hā́nau, hinā́nau*	fortgehen, abreisen
humásan	*hásan*	entbehren, ermangeln
humḗkua	*hḗkua*	nicht wissen, zweifeln
humī́hot	*hī́hot*	sich nähern
humṓhomlo	*homlo, hinemlo*	sich erholen von einer Krankheit
humṓma(g)	*fanomā́gan*	baden
humo(t)no	(*horno*)	backen, Kalk brennen
humū́jung	*hī́jung, hinī̆jung*	hinausgehen, herauskommen; entstehen; *tautau humū́jung*: Fremdling, Ankömmling
hū́na	*hihuna, hinīna*	Gift
hunggan	*hungguo, hongge, hunguk*	ja
hunggū́o	*húnggan*	bejahen
hungu(k)	*hungū́kon, hongge*	hören
hū́ŏ		ja
hutchum		schliessen, zumachen
hū́to, i hī́to		Laus
hú unai		ja

I.

ĭ; ĭ sihă		1. der, die, das; die (Plur.); *i táutau síha*: die Männer; 2. welcher; *hådie na tautau*

		i humănau? wer ist der Mann, welcher fortging? 3. auf; *i ginagoko*: auf meinen Befehl; 4. trotz; *i tinagoho ti hafatinas*: trotz meines Befehls hat er es nicht gethan
-ía (*-nía*)		als Nachsilbe: sein, ihr (Plur.); *gan ía na kabáju* = *kabajonía*: sein Pferd; *íjonía na tata siha* = *tatanía siha*: ihre Väter
íjon		von (Gen.); *ijŏko*: mein; *ijŏmo*: dein; *ijonía*: sein; *ijŏta*: nur unser; *ijonmăme*: unser Aller; *ijonmío*: euer; *ijonía*: ihr; *este na tăno íjon i imperio*: diese Insel gehört dem Reiche. Vgl. *gáho* u. s. w. bei Besitz von Thieren.
íjon láhăjăjăn		gemein
íjon lăhē	*lahe*	männlicher Geschlechtstheil
íjon mégai	*megai*	gemein, häufig
íjon paláuan	*palauan*	weiblicher Geschlechtstheil
íjon tăno	*tăno*	heimisch (von Pflanzen); irdisch
ílek		sagen
ileknínika		man sagt
ímina	*ména*	vorn; auch zur Bildung der Ordnungszahlen (besonders in Guam); *ímina kuatro*: der vierte; *ímina cinco*: der fünfte u. s. w.
impíde	(*impedir*)	verhindern
ínă	*inína*	erleuchten
inagăga	*agăga*	Röthe
ina(*g*)*mata*	*máta*, *mángmata*	Schlaflosigkeit
inagoflíĕ	*goflíĕ*, *măgaf*, *líe*	Freundschaft
inagupánia	*agúpa*	übermorgen
inajŭda	(*ayudar*)	Hülfe; Hülfe!
inălanga	*alanga*	Wahnsinn, Dummheit
inăle		Schaden
inámam	*ámam*	Dauer
inámko	*ámko*	Greisenalter
inamo(*t*)		Raub
inámte	*ámte*, *amtíon*, *aámte*	heilen
inangóko	*angóko*	Vertrauen
inanijo	(*anillo*)	den Ring anziehen
inarégla	(*arreglar*) *arégla*	Ordnung

inatchatlí'ĕ	*tchatlie*	Feindschaft
inatitŭ́je	(*atento*) *atī́to*	Aufmerksamkeit
inatrebī́do	(*atrevido*)	Kühnheit
inắtulong	*ắtulong*	sich in Schwarz kleiden
inéklau	*éklau*	Krümmung
inḗmo(*k*)	*émo*(*k*)	Rache
inéppe	*óppe*	Antwort
inésge	*ósge*	Gehorsam
inḗ'son	*ṓ'son*	Langeweile, Überdruss
inestótba	(*estorbar*)	Hinderniss
inétchong	*étchong*	Fehlerhaftigkeit
iné(*t*)*non-gá'ga'*	*e*(*t*)*non*, *gá'ga'*, *naétnon*	Heerde (Vieh)
ī́ni		dieser (nur am Ende); *tautau ini*: dies ist ein Mann
inūdo	*ū́do*	Stummheit
inigápnia	*nī́gap*	vorgestern
inigī́non		nichtswürdig
inī́na	*ínă maúana*	Beleuchtung
inīnan-ádau *inī́nan-sómnak*		Sonnenlicht
inī́nan-kándit		Kerzenlicht
inisū́ne	*manusū́ne*	Fleiss
interesắo	(*interesado*)	geizig
ī́să		Regenbogen
isắgue	*ī́sau*	beleidigen
isau	*umī́sau*	Sünde, Schuld, Verbrechen

J.

jắ		1. welcher; *i táutau, jă este gualonī́a*: der Mann, dem dieses Feld (sein); 2. daher, also (= *na*); 3. Partikel vor Ortsbezeichnungen = *na*; *ja hū́lo*: oben = *san hī́lo*; *i já Saipan*: auf Saipan; *gi ja guáho*: bei mir; 4. bis (= *nu*); *nanggaja* (oder *nu*) *uhanau*: warte bis er fortgeht; 5. mit; *mámaila gija guáho*: komm mit mir
jắbe	(*llave*)	Balken. Schlüssel
jă'hŏ'		wache auf!
ja-mo		belieben, gefällig sein
jăn		1. und; 2. gegen; *i Chamorro manū́mo jan i Espaniot*: die Chamorros kämpften gegen

		die Spanier; 3. mit; *mámaila jan guaho*: komm mit mir; 4. hierauf, alsdann; *fenēna — jan*: zuerst — dann
jā́no	(*llano*) *jinā́no*	eben, flach
jatátĕtĕ		der Letzte; *jatátĕtĕ na biáhe*: das letzte Mal
jestá	(*yaestá*)	schon
jinā́no	*jā́no*	Ebene
jō	(*yo*)	ich (am Ende); *huhā́nau jo* = *guaho huhā́nau*: ich gehe
jŏā́se	*gui maā́se, minaā́se, gaiā́se*	mitleidig
jómo(k)	*na'jómok*	dick, fett (nur v. lebend. Wesen)
jŏ́tăhe		geizig
jóte = *jū́te*		werfen
júhē		jener (uns Beiden fern)
jū́lang	*majū́lang, ujū́lang*	zerstören
jū́os	(*dios*)	Gott
jū́te		wegwerfen, wegziehen (ein Haus verlassen)

K.

kabájo	(*cavallo*)	Pferd
kabāles	(*cabal*)	vollkommen
kăbejon	(*capillo*)	Mückennetz
kā́dă	(*cada*)	jeder
kadī́du(k)		spitz, witzig
kadūda(k)		kitzeln
káfatche	*fátche*	schmutzig
kafé		Kaffee; Kaffee trinken; *onkafé*: du trinkst Kaffee
kắfo		Pandanus
kahā́ga	*hā́ga*	blutüberströmt
kắhat		vom Boden aufheben
kahé(t)	(*cajel*)	Apfelsine
kahū́lo	*kumahúlo*	hinaufsteigen, besteigen
kájĕhon	(*callejon*)	Fusspfad
káka(g)		hörbar ausspucken, sich räuspern
kā́kale(t)		sauer, herb
kákano	*kā́no, néngkano*	Vielesser, Fresser
kắko		kratzen, scheuern
kā́la(g)		mager
kaláktos	*na'kaláktos*	scharf, witzig
kalā́lang		eine Schnepfe
kalamasa	(*calabaza*)	Kürbis
kalamden	*kamden, nakámden*	sich bewegen

kā́lang		wie, als; *este dankulṓnia kā́lang hágo*: dieser ist grösser als du; *este tandánkulo kā́lang hágo*: dieser ist so gross wie du
kalā́o		unordentlich, ungekämmt
kalā́'o		eine Koralle
kalā́ton		eine Koralle
kalentū́ra	(*calentura*)	Fieber
kā́lo		lose, schlapp, wackelig
kā́lulot		Finger
kámden	*kalámden, na'kámden*	quer, böse; Plur. *mangámden*
kampā́na	(*campana*)	Glocke
kampaníja	(*campanilla*)	Schelle
kamū́te	(*camote*)	Süsskartoffel
kā́na		vielleicht
kā́nă		aufhängen
kā́namanánana	*kā́na manā́na*	Dämmerung, Frühmorgen
kā́nai		Hand, Arm
kănăparḗho	(*parejo*)	ähnlich
kándit	(*candela*)	Licht, Kerze, Lampe
kaniā́da	(*cañada*)	Schlucht, Thal, Abhang
kā́no	*néngkano*	essen
kanṓa		Trog zum Brot- und Mörtelbereiten (nicht Kahn)
kánta	(*cantar*)	singen
kánti(*d*)	(*cantil*)	steiler Abhang
kapítan	(*capitán*)	Kapitän
karákot!	(*carajo!*)	Donnerwetter!
karámba!	(*caramba*)	Donnerwetter!
kareta	(*carreta*)	Wagen
karíso	(*carrizo*)	das geflochtene Rohr der Hauswände
kasadū́les	(*cazador*)	Jäger
kásas	*mangásas*	kratzen, sich kratzen
kásse		zum Kampf herausfordern
kastíga	(*castigar*)	Strafe, gerichtlich strafen
kắtan		Norden
kắtata	*na'kátata*	kurz, dick
ká(*t*)*ga*	(*cargar*)	laden (Gewehr); beladen (Wagen)
kátma	(*calma*)	Windstille
katnā́da	(*carnada*) *kátne*	Köder
ká(*t*)*ne*	(*carne*)	Fleisch
katsū́nes	(*calzones*)	Hose
kát'ta	(*carta*)	Brief, Nachricht
kau		ob; *faisen kau mápos*: frage, ob er fort ist

kétungo	*túngo*	sich erkundigen
kikoko	*kóko*	Erntemann
kikollat	*kóllat*	Zaunzieher
kilisiãno	(*cristiano*)	christlich, Christ; Plur. *mangilisiano*
kiloloq		sich im Tanz drehen
kinaréta	(*carreta*)	im Wagen fahren
kinatsunes	*katsunes*	die Hosen anziehen
kinekániau	*kókaniau*, *máaniau*	Furcht, Feigheit
kinéko	*kõko*	Ernte
kinéllat	(*corral*) *kóllat*	Umzäunung
kinendéna	(*condenar*)	Verurtheilung
kinenfía	(*confiar*)	Vertrauen
kinensuéla	(*consuelo*)	Trost
kineríhe	(*corregir*) *koríhe*	Tadel
kinílo		Schaf
kinimplído	(*cumplir*)	Eifer; *na'kinimplído*: etwas mit Eifer erfüllen
kísãmẽ		Zimmerdecke
kisnũdă	(*desnudo*)	nackt
-ko		als Nachsilbe: mein; *ijóko*: mein; *leblóko*: mein Buch
kõbla	(*cobrar*)	Geld fordern, Schulden einziehen, erheben
kõble, *i kéble*	(*cobre*)	Kupfer
koddé(*t*) (Saipan)	(*cordel*)	Angelschnur
kódo(*t*), *i kédo*(*t*)		ein runder Korb aus Pandanus
kokániau	*kinekániau*, *máaniau*	feige
kõkõ	*kinéko*	ernten
kolãles	(*coral*)	Korallenkette aus der hier nicht vorkommenden rothen Koralle
kólla(*t*)	(*corral*) *kinéllat*	umzäunen, belagern
koló(*t*)	(*color*)	Farbe
komãte		laut schreien vor Schmerz
kondẽnă	(*condenar*) *kinendéna*	verurtheilen
konfíă	(*confiar*) *kinenfía*	vertrauen
konséhă	(*consejo*)	Rath, Ermahnung
konsidéră	(*considerar*)	betrachten, erwägen
konsiénte	(*consentir*)	erlauben
konsíge	(*conseguir*)	erlangen
konsuélă	(*consolar*) *kinensuéla*	trösten
kontémplă	(*contemplar*)	betrachten, erwägen
kõpiă	(*copiar*)	abschreiben
koráson	(*corazon*)	Herz
koríhe	(*corregir*) *kineríhe*	tadeln
kosína, *i kisína*	(*cocina*)	Küche

kóstat-téngguang		Brotkorb; Wegzehrung
kuanto	(*cuanto*)	wieviel
kuanto mas — mas	(*cuanto mas — mas*)	je mehr — desto mehr
kuåta		Peitsche aus geflochtenem Leder
kuatkiĕrahá	(*cualquier*) *-há*	irgend einer, einige
kuåto	(*cuarto*)	Zimmer
kuéntas	(*cuenta*) *kumuéntas*	Rechnung
kúlŏ, i kílŏ		Signalmuschel
kulúos, i kilúos	(*cruz*) *umenkrús*	Kreuz
kumahúlo	*kahúlo, húlo, hílo*	hinaufsteigen
kumĕha	(*quejarse*)	klagen, sich beklagen
kumĕjao		hinken
kumolĕka		brüten; *i mano(k) kulĕka*: die Henne brütet
kumome(t)sio	(*comercio*)	geschäftlich handeln
kumuéntas	(*contar*)	die Rechnung aufstellen
kúra	(*cura*)	Priester
kutchăla, i kitchăla	(*cuchara*)	Löffel

L.

la-		Vorsilbe zur Bildung des Comparativs; *lámegai*: mehr; *ladankulo*: grösser
laámam	*ámam*	künftig, nach längerer Zeit
lăbon		abschneiden
lå(d)jo		verstimmt; schmollen
ladrón	(*ladron*)	Dieb, Räuber
lá(e)mon		pfiffig, schlau
lág'ga		geizig, neidisch
lăgo		Thräne
lågo		Westen; *tautau gi lågo*: Europäer
lăgua		Netz
láhajajan		gemein
lăhē	*lináhe*	Mann, männlich; Sohn, aber in dieser Bedeutung stets mit dem Possessiv; *lahémo*: dein Sohn; *lalaheta*: unsere Söhne; Plur. *laláhe*
lai	(*ley*)	Gesetz
lăja(k)	*lumája(k) na'lájak*	Segel
lăjo		beneiden
lákse		nähen
lăla	*linălă', lumăla, mumălo, număhelo*	lebendig; leben
lălăde	*linalăde*	schelten, tadeln

lalålo	*linalålo, ninalalålo, halalålo*	zornig
lalánga	(*naranja*)	bittere Apfelsine
lalángo		ohnmächtig
lålo		Fliege
lā́mas	*na'lámen nā́masa*	verderben, ungeniessbar werden
lamā́să	(*la mesa*) *na'mása*	Tisch
lámlam	*lumámlam*	glänzen, blitzen; Blitz
lámo(g)	*lamo(g) na ká(t)ne*	stinken
lámon		pfiffig, schlau
lā́mona		später, nachher
lampáso	(*lampazo*)	aufwaschen, fegen
lā́nan		schnarchen
lánga(g)		Woge, Dünung
lángi(t)		Himmel
lánia		Öl
lásas		Haut, Fell; *lásas-hådio*: Rinde; schälen, häuten
lăso	(*lazo*)	Schlinge; männliches Glied
lataloā́ne	*taloā́ne*	Vormittag von 8—11 Uhr
lā́tchai		verwüsten, Alles aufzehren
lǻtche	*linátche, lumátche*	sich irren; ungerecht
lā́tigo	(*latigo*)	Peitsche
látpăpă	*na'látpăpă*	herabkommen, herunterlassen
láu		aber
laū́ja	(*la olla*)	Kochtopf
láulau	*lī́nau*	zittern
legle(g)		wenden, a. d. andere Seite legen
léglo(g)		ausserehelich beischlafen
lémai	(*rima*)	Brotfrucht
leménda	(*emendar*)	ausbessern
lénga		Backzahn
lestón	(*liston*)	Band (um den Hut)
li! liahá!	*lie*	siehe da!
lī́'ĕ	*na'lie, gofī́e, tchat-lī́ĕ, umalī́e tā́lo, malī́on*	sehen
lī́jang		Höhle
lī́ma		fünf
lima ngo mao(t)not		fünfzig
lī́mejai		der fünfte
lináhe	*láhe*	Mannesalter von 17—25 Jahren; Geschlechtsverkehr
linā'lă'	*lălă, lumā́lă*	Wachsthum, Leben
linalā́de	*lalā́de*	Tadel
linalålo	*lalåio*	Zorn, Leidenschaft
linatche	*lā́tche, lumátche*	Irrthum, Ungerechtigkeit

línau	*láulau*	Erdbeben
lindéro	(*lindero*)	Grenze
linibre	(*libre*)	Rettung, Befreiung
linihan (Rota)	*lühan*	Schreck
linite	(v. *luten?*)	Mörtel u. jede ähnliche Mischung e. festen Körpers mit Wasser
lisénsia	(*licencio*)	Erlaubniss
listo	(*listo*) *na'listo*	bereit
litchau		Süden
lódo		dick (auch von Sachen)
lódsa, i lédsa		Kopflaus
lóka	*na'lóka*	hoch
ló(k)lo(k)		sieden
lōkue		auch
lō'lō'		husten
lúhan (Rota)	*linihan, na'lúhan*	Schreck; erschrecken
lúlŏ		aufschauen
lúlo(g), i lílo(g)		Eisen, Nagel
lulúke		nageln
lumāja(k)		segeln
lumāla	*lālă, linăla*	wachsen, leben
lumámaule(g)	*maule(g)*	verbessern
lumámlam	*lámlam*	blitzen
lumátche		sich irren
luminonăda	(*limonada*)	Limonade trinken oder Limonade bereiten
lúmos		Jemand untertauchen, ertränken
lúnes	(*lunes*)	Montag
lúpes, i lípes		Weiberrock
lúsong		Steinmörser (s. S. 56 des deutschen Theiles)

M.

ma-		Vorsilbe: a) 3. Pers.: man; *matchūle*: man bringt; *masásangan*: man sagt; b) zur Bildung des Passivs; *makastitigajo*: ich werde gestraft
maágsom		sauer
mǻaho	*minăho*	durstig, begierig
maániau	*minániau, kóka-niau, namdaniau, faanidgue, taimá-aniau, taiániau*	fürchten
maániau	*hadniau*	unterliegen (im Kampf)
maásne		salzig
madéras	(*madera*)	Bauholz

madeshåse	(*deshacer*)	zerstören
mā́do(k)	*minā́do(k)*	Loch, Höhle; **hohl**, leer
mā́es	(*maiz*)	Mais
maéstro	(*maestro*)	Lehrer
mắfa(k)		scheitern (Schiff); entzwei (Gefäss)
máfnas		die Farbe verlieren; auswischen
máfnot		festgerammt
mafóndo	(*fondo*)	untergehen (Schiff)
mā́gŭ		frühe, unreif (Bursche)
magågo	*minagågo*, *taimágago*, *na'minagágo*	Anzug; Stoff
magáhe(t)	*magas*, *minagahe(t)*, *namagáhet*	echt, aufrichtig; wirklich! eingestehen
magalahe	*mágas*, *láhe*	der Oberste, Gouverneur
mā́gap	*minā́gap*	gähnen
mā́'gas	*minā́gas*, *magaláhe*, *gásgas*	hochstehend, wichtig, angesehen
mā́gaum hinā́lum	*hálum*	dankbar
mā́ge		herbei; *guíne mā́ge*: hierher; *tchū́le mā́ge*: bringe her; *gine ā́jo mā́ge*: dorther
mā́gem	*minā́gem*	anfeuchten (Tabaksblätter, welche trocken, *malā́ju*, sind)
magímen	*gímen*	trinkbar (nur vom Wasser)
gui mā́gin		diesseits
mā́gof	*gof-lī́e*, *minā́gof*, *namā́gof*, *mumagof*	froh, befriedigt
magoflā́men	*gof-lā́men*, *giflā́men*	freundlich
mágong	*minā́gong*	friedfertig
mágpo	*finágpo*, *na'fágpo*	beendigen; fertig
mā́guag	*manguā́guag*	weit (geräumig), breit
maguásan		reinigen (das Feld)
mahā́gă	*hā́ga*	blutig; bluten
mahániaf		weich, mollig (z. B. ein Kissen), sanft (von Gemüth)
mahéfon		stumpf (ohne Spitze)
máh(e)lo(k)		entzwei (Stock, Knochen); Knochenbruch
máh(e)los	*na'máhelos*	glatt, eben
mahḗto(g)		hart
máh'gef	*minā́h'gef*	müde
máh'gong	*na'mah'gong*	still, schweigsam; heil
máh'ngaag (Saipan)		Schreck; erschrecken
máhŏ	*minā́hŏ*, *mataimáho*	durstig; dürsten
máigo	*minaigo*	schlafen, ausruhen
máijut		schmal, eng

máila	*mámaila*	kommen
máipe	*mináipe, tchatmaipe*	heiss
máisa		einsam, selbst, sich; nur; *un máisa*: nur einer; aber *dos há*: nur zwei; *hágo há, hitahá, siha ha*: nur du, wir, sie: *guaho na maisa* = *guaho há*; nur ich
majā́je		schwach
majū́lang	*jū́lang, ujū́lang*	entzwei; zerstören, vernichten
makalámia	*minakalámia*	flink; hurtig!
makäna		hängen (z. B. ein Bild a. d. Wand)
mákat	*minā́kat*	mühsam, schwierig, schwer von Gewicht
malā́e(t)		bitter
mā́la(g)		leuchten, scheinen (Sonne)
malā́go	*minalā́go*	wollen, mögen
malågŏ	*minalågo*	fliehen, entlaufen, laufen
malā́ju		trübselig, trocken (Blätter)
malángo		krank sein (innerlich)
malā́sa		glatt
malắte		gebildet
malī́nau		kleine Wellen ohne Schaum
malī́nek ū́lō	*ū́lō*	Kopfweh
malíngo		verlieren, verlegen
malī́'on	*lī́'e*	sichtbar
malū́lo(g)		frei, ungebunden
mamaā́fog	*afog*	sich in Kalk verwandeln (die Koralle beim Brennen)
mamagī́ma	*gū́ma*	ein Haus bauen
mä'mä'		pissen
mamahā́num	*hanum*	flüssig; schmelzen (unpers.)
mamáh(e)lau	*taimamáhelau*	sich schämen
mamáila	*maila*	kommen, künftig
mámai-tché'tcho'		sich anstrengen
mámaisahá	*maisa*	nur einer
mamắke	*páke, umépake*	schiessen
mamā́lo	*pā́lo*	andere, einige; *mamā́lo napalū́ma*: einige Tauben
mamā́pake	Sing. *pā́pake*	die Schützen
mamatī́nas	*fatī́nas*	Essen bereiten, kochen
mamatkī́lo	*matkī́lo* (*tranquilo*?)	beruhigen, schweigen
mámda		ausbreiten, züchten
-mā́me	*häme, ī́jonmā́me*	unser Aller; *ī́jon mā́me na jū́os*: unser Herrgott = *jū́os mā́me*
mā́mes		süss; Süssigkeit, Zucker; *gṓlai mā́m*: ein Gelée aus einer Alge

mamflőres	(*flor*)	blühen
mamókat	*ékohat*	marschiren, spazieren gehen
mámpos		viel, zu sehr, verrückt
mámta		ausbreiten, züchten
mamulákes	*mapulakes*	ausbrüten
mamű̆lan	*pű̆lan*	pflegen, hüten; Wacht
mamű̆no	*pű̆no*	Mörder
manaắsaguă	*umásagua, umasắgua, sắgua*	sich verheirathen
manắda		genug
manaílaje	Sing. *táilaje*	schlecht
manáitai		lesen, beten
manalắdo	*alado* (*arado*)	pflügen
manắna	*inína, haắne*	hell, klar
manắno	*hắnum*	tauchen bis über die Augen
manắno	*tắno*	ansiedeln
manasắda	(*azada*)	graben
manắtătĕ	*tắtătĕ, san tắte*	Nachkommen
manắte	*táte*	nachfolgen
manú(t)ma		unartig
mandjắgai		wollüstig
manengheng	*nimanéngheng*	kalt; frieren
mangásas	*kásas*	sich kratzen
mángga		Mango
mangge		wo
mangguaife	*guáife*	wehen, blasen
mangguífe	*guífe*	laut träumen
mangilisiano	Sing. *kilisiano*	die Christen
mánglo		Wind
mangmáta	*inágmata, máta*	aufwachen
manguắgua(g)	*mắguag*	geräumig
mánha		halbreife Koko zum Trinken
manhongge	*hóngge, húnggan*	gläubig (geistl. und weltl.)
manhugándo	*hugando* (*jugar*), *huégo*	spielen (der Kinder)
manhű̆lat		fleissig
maniắda	*tchădă*	Eier legen; *i manok ufaniắda*: das Huhn legt
maniắgo	*finaniắgo*	gebären
mániăniă		weich (Wolle), sanft von Gemüth
manifilag	Sing. *fifilag*	die Flechter
maníhot	Sing. *híhot*	nahe
manió(d)sot		fromm; bereuen
manituge	Sing. *tituge*	die Schreiber
manjaina	*saina*	Vorfahren
manjáke	Sing. *sake*	die Diebe
manjälo	Sing. *tchälo*	die Brüder

manjétnot	Sing. *tchétnot*	die Wunden
manjī́la		Flamme
manjógnjog		sinken (Schiff)
mánjung	*mumánjung*	Erkältung
manjúngon	*súngon*	leiden, aushalten, erdulden
manma		man (Plur.); *manmasásangan*: die Leute sagen
mánman		staunen
mánnge		schmackhaft
mā́no		wo; *para máno*: wohin; *gini máno*: woher; *para mano guato*: wohin
mā́no(k)		Henne, Huhn
manosū́ne	*inisū́ne*	thätig
manótro	(*otro*)	verändern (nur in 3. Pers.)
manparientes	Sing. *pariente*	die Verwandten
mántai	*mao(t)no(t)*	der zehnte
mantī́ga	(*manteca*)	Schmalz
mantikī́ja	(*mantequilla*)	Butter
mā́ok	*minā́ok*, *na'máok*	dauern, währen
mao(t)no(t)	*mántai*	zehn
mapagahes		Wolke
mapḗde	*minapḗde*	verlieren im Spiel
mā́pos		fort, abgereist
mā́po(t)	*minā́po(t)*, *timápot*	schwierig
mapótge		schwanger
mapū́ha		kentern
mapulakes	(*mamulakes*)	ausbrüten
mása	*masahålum*	gar, reif
másaga		bewohnt sein; Pass. von *sā́ga*: wohnen
masahålum	*mása*, *hålum*	Schweiss; schwitzen
masápit	*sápit*	quälen
masī́ni(g)		scheissen
másmai	*na'másmai*	gelöschter Kalk
mas seahådje na tautau		irgend einer
masū́n		nicht ganz reife Kokosnuss
mā̆ta	*tchátmata*, *matanhā́num*, *mángmata*, *inágmata*	Auge
mátă		unreif
matā́gui	*tágui*	Platz wechseln, versetzt werden
mā́tai	*finā́tai*	sterben
matai-mā́hŏ	*mā́ho*	verdursten
matai-njā́lang	*njā́lang*	verhungern
matan-hanum	*mata*, *hanum*	Flussbecken, Quelle

matắtchong	*fatắtchong, nafatắ-tchong, matắta-tchong, mắtchong*	sich setzen
matátuga	*minatátuga*	muthig, kühn, eifrig
matchaktchak-kátan	*kátan*	es tagt
matchắle(k)		wild
matchĕte	(*machete*)	Buschmesser
matchōma	*tchōma*	enthaltsam
matcho'tcho'	= *fatcho'tcho'*; *tchó'tcho'*	arbeiten
mắtchong	*matátchong*	untergehen (Sonne); heilen
matgui		stolpern über ein Loch
matíjo	(*martillo*)	Hammer
matítik	*títi(g)*	zerreissen (Papier)
matka	(*marcar*)	bezeichnen
matkílo	*mámatkílo, famat-kílo* (*tranquilo?*)	ruhig
mátmos		tauchen (selbst), ertrinken
mắto	*fáto, fináto*	ankommen
mattes	(*martes*)	Dienstag
matuláika	*tuláika*	sich verändern
matúmpo		stolpern über einen Stein
matūno(g)	*tūno*	sich verbrennen
máudai		reiten; *máudai gikaréta*: fahren
máule(g)	*famáuleg, lumamáu-leg, fa'famauleg*	gut, günstig
mégai	*megainia*	viel; *la mégai* — *la mégai*: je mehr — desto mehr
mégai — *mejai*		je mehr — desto mehr
megáinia		mehr
méhega	*hắga, mahaga*	blutig
méhenalong		begabt, verständig
mékahat	*ékahat*	langsam
mémpate		schwimmen mit weit ausgreifenden Armen
mēna, san mēna, gi mēna	*fenéna*	vorn, gegenwärtig; *menan igima*: vor dem Hause
merése	(*merecer*)	verdienen (Strafe)
metáte		Steinmühle
métgo(t)	*nimétgot*	anstrengend, wirksam, kräftig
métou	*na'métou*	fest
míde	(*medir*)	messen
mientras	(*mientras*)	während
mie(t)koles	(*miercoles*)	Mittwoch
míguinaha	*guináha, gudha*	reich ausgestattet
mihíto	*huto*	lausig
mináaniau	*máaniau*	Angst, Furcht

minăase	*mắase, gaiắse, jŏase*	Mitleid
minắdo(k)	*mắdok*	Höhle
minagdgo	*magdgo*	anziehen; *minagdgo maisa*: sich anziehen
minagáhe(t)	*magahe(t)*	Wahrheit, Eingeständniss
minắgap	*mắgap*	Dampf
minắgas	*mágas*	Pracht
minắgem	*mắgem*	Anfeuchten des trocknen Tabaks
minắgof	*mắgof*	Freude
minắgong	*māgong*	Friede
minắh'gef	*mắh'gef*	Müdigkeit
minắhŏ	*mắhŏ, máăhŏ*	Durst
mináigo	*máigo*	Schlaf
minaipe	*máipe*	Hitze, Wärme
minakalămia	*makalămia*	Schnelligkeit
minắkat	*mắkat*	Schwere, Gewicht
minaldgo	*maldgo*	Flucht
minalắgo	*malắgo*	Wunsch, Wille
minánda	(*mandar*)	Befehl
minanéngheng	*manéngheng*	Kälte
minắo(k)	*mắo(k)*	Dauer
minapĕde	(*perder*)	Verlust
mindpo(t)	*mápot*	Mühe; bes. Leiden Christi
minatátuga	*matátuga, na matátuga*	Muth, Eifer
minatŭho(k)		Schlummer
minétgo(t)	*métgo(t)*	Kraft
minĭma	*mŭmo*	Streit, Kampf
-mĭo		als Nachsilbe: euer; vgl. *ijoumĭo, gamĭo*; *tschälomĭo*: euer Bruder
misalápe	*salápe*	reich an Geld
misĕria	(*miseria*)	Elend
miŭnai	*ŭnai*	sandig
-mo		als Nachsilbe: dein; vgl. *ijómo, gámo*; *tchălomo*: dein Bruder
mŏdung, i mĕdung	(Rota)	Schiff, Bark
mofĕa	(*mofearse*)	spotten
mŏfona, i mĕfona		der Vorausgehende; vorausgehen
mŏhun		eigentlich, schuldiger Weise; *sĭnia mŏhun papángon-jo*: du könntest m. eigentl. wecken
mona	*mena, finena*	vorn; vorausgehen
monắjan		fertig
montchón		auf Haufen legen
móso	(*mozo*)	Arbeiter

mumāgof	*māgof*	sich freuen, sich begnügen
mumālo	*lála, lumāla, lināla*	wieder aufleben, auferstehen
mumānjung	*mānjung*	sich erkälten
mūmŏ	*minīma*	kämpfen
mūmo, i mímo		Kampf. bes. der Hahnenkampf
múnga		wolle nicht (mit folgendem Inf.)
mūtă		speien, sich brechen (Vulcanausbruch)
mūtŏ		wünschen, einverstanden sein
mūtong na ka(t)ne	(*carne*)	verfaultes Fleisch, Aas

N.

na-		Speise; stets mit dem Possessiv; *na-ta*: unsere, *na-nia*: ihre, *na Huan*: Johann's Speise; mit dem persönlichen Fürwort: zu essen geben; *na-jo*: gieb mir zu essen
na		1. Partikel, verbindet das Haupt- u. Eigenschaftswort bez. Fürwort; *un tautan na dankulo*: e. grosser Mann; *este na tautan*: dieser Mann; 2. dass; 3. welcher; *i tautan na estaba guine*: der Mann, welcher hier war; 4. mit; *habāba i petta na* (*nu*) *i jābe*; er öffnet die Thür mit dem Schlüssel
na'āgŏtĕ	*góte*	zusammenbinden
na'āja		anpassen
na'ámam	*ámam*	verzögern, zurückhalten
nāan	*na'fanāan*	Namen
na'anáko	*anáko*	verlängern
na'ánglo	*anglo*	trocknen
na'āpŏ		sich stützen auf etwas
na'asentādo	(*asentado*)	anmessen
na'āto(k)	*umáto(g)*	sich verbergen
na'atrasāo	(*atrasado*)	zögern, zaudern, aufhalten
na'beste	(*vestir*) *buméste*	schmücken, bekleiden
na'būbo	*bubo, binībo, ninabúbo*	Jemand kränken, ärgern
na'būla	*būlă*	füllen
na'dāniă		zusammentreiben, mengen
na'dánkulo	*dánkulo*	vergrössern
na'dékiki	*dékiki*	verkleinern
na'dídidi	*dídidi*	vermindern
nāĕ		geben

naetchóngnia	*etchóngnia*	diesseits; *naetchóngnia nasádok*: diesseits des Flusses
na'étnon	*inétnon*	sammeln, vereinigen
na'fágpo	*mágpo, finágpo*	beenden, aufhören, vollenden
na'fanā́'an	*nā́an*	benennen, taufen
na'fanjé(t)not	*tchetnot*	verwunden
na'fatā́tchong	*matā́tchong*	hinsetzen, Jemand sitzen heissen
na'fatī́nas	*fatī́nas*	befehlen, anordnen
na'fītme	(*firme*)	bestätigen
na'fótgon	*fótgon*	bewässern
na'funhådjan		beschliessen, beenden
na'gáitoka		erben
na'gásgas	*gásgas, fagáse*	reinigen
na'hålum	*hålum*	hereinrufen, eintreten lassen
na'hā́nau	*hā́nau*	entlassen, absenden (Boten, Brief)
na'hā́ne	*haā́ne*	festsetzen (Termin), bestimmen, herrichten, vorbereiten, befehlen
na'hómhom	*hómhom*	verdunkeln, dunkeln
nā́hong		genug
na'hū́jung	*hújung, híjung*	herausthun, hinausweisen
na'hūlō	*hūlō*	ehrfurchtsvoll grüssen
nái		daher, also; als
naimagpo		nachdem
nā́ja	*táianai*	früher, ehemals
nā́je		eingiessen, einschenken
najŏ́mo(k)	*jómok*	mästen
na'kaláktos	*kaláktos*	schleifen, schärfen (Messer)
na'kámden	*kámden, kalámden*	sich bewegen
na'kắtata	*kắtata*	verkürzen
na'lā́jak	*lā́jak*	Segel aufmachen, segeln
na'lā́men	*lā́mas*	beschädigen, verwunden
nalathī́lo		erhöhen
nalátpăpă, na'latágpăpă	*păpă, tágpăpă*	herunterlassen
na'libre	(*libre*)	retten, befreien
na'lī́'e	*lie*	zeigen
na'lī́guan		mengen
na'lĭ́lĭgŏ		einen runden Gegenstand rollen (z. B. ein Fass)
na'listo		bereit machen
na'lŏ́ka	*lŏ́kă*	erhöht
na'lúhan	*lúhan*	schrecklich
na'mā́anian	*mā́anian*	ernst, schrecklich; drohen, ängstigen
na'magahe(t)	*magahe(t)*	bestätigen
na'mā́gof	*mā́gof*	fröhlich, angenehm; befriedigen

na'mahăga	*hăga*	Ader lassen
na'mahâlang		betrüben
na'máh(e)gong	*máh(e)gong*	heilen, beruhigen
na'máh(e)los	*máh(e)los*	glätten, hobeln, kämmen
namaléfa		vergessen
na'malísia	(*malicia*)	übel thun, ärgern
na'manso	(*manso*)	zähmen, bändigen
na'măo(k)	*măok*	aufbewahren
na'măsă	(*mesa*)	für den Tisch sorgen (kochen)
nămăsă	*lámas, nalámen*	ekelhaft, unrein
na'másmai	*masmai*	bewässern, anfeuchten
na'matátnga	*matátnga*	anstrengen (Jmd.)
na'matungo	*túngo*	benachrichtigen
na'méton	*méton*	festmachen, anbinden
na'minagâgo	*magâgo*	einkleiden, mit Kleidung versehen
nănă		Mutter
nă'nă'		verstecken, verbergen
na'năĕlö		zurückgeben
nănăhŭjung	*humŭjung, hŭjung, nahŭjung*	verursachen
na'negŏsio	(*negocio*)	geschäftlich handeln
nángga	*timanángga, taininángga, ninangga*	warten schwimmen
nango		scheinen als ob; *hinango*: es scheint mir, als ob
na'ŏson	*inéson, nináoson*	Jmd. hart anfahren, zanken, beschuldigen; müde, überdrüssig
na'padĕse	(*padecer*)	krank machen, betrüben
na'pără	(*parar*)	die Arbeit unterbrechen
năpŏ		Brandung
na'prinekŭra	(*procurar*)	sich Mühe geben
năsă		Fischreuse
na'sánge, na'sáhange		absondern, trennen
na'sínia	*sínia, sísinia*	mächtig, fähig, tüchtig
na'sisítan		schädigen, e. Wunde aufreissen
na'susĕde	(*suceder*)	verursachen
na'táibale	(*valer*) *băle, táibale*	aufheben (ein Gesetz)
na'táilăjĕ	*táilăjĕ*	beschädigen, verschlechtern
na'tchó'tcho'	*tchotcho*	füttern
na'tíso	(*tieso*)	spannen, steifen
na'tŭnas	*túnas*	gerade machen, einrichten
na'tungo	*tungo*	melden, ankündigen
náuau		durchsichtig, klar (Wasser)
nĕnē		säugen, geboren werden; *un patgon láhe hágas nĕnē*: ein Knabe wurde geboren

néngkăno		Speise, Essen
nesesíta	(*necesidad*)	Nothwendigkeit; es ist nöthig
ngáian		wann, wenn; *ngáian na onhanau?* wann reisest du ab?
ngángă		Ente
ngángas		kauen
nginge		riechen, ehrfürchtig küssen. Der Chamorro küsst nicht mit den Lippen, sondern indem er die Nase aufdrückt und wie beim Riechen Luft einathmet.
nginílo	*ngū́lo*	Loch (in der Mauer), Höhlung
ngū́lo		durchsichtig, durchlöchert
ngū́lo, i ngílo		Loch
ni		1. = *na*: welcher; 2. weder (*ni*); *ni uno*: nicht ein einziger
-nia		als Nachsilbe: sein (Sing.), ihr (Plur.); vgl. *ijonía*, *ganía*; *tchälonía*: sein (ihr) Bruder
niáka maisague	*máisa*	sich aufhängen
niā́lang	*njinā́lang, matainjálang*	hungerig
niéga	(*negar*)	verweigern
nífen		Schneidezahn
nígap	*inigápnia*	gestern; *nígap gi pupuenginge*: gestern Abend; *nígap na puenge*: gestern Nacht
nihe!		na! na!
níjo(g)	*fanijúkan*	reife Kokosnuss
níka		Rübe
ni mā́no	*mā́no*	nirgends
nína		immer
ninabū́bŏ	*nabū́bo*	Ärgerniss
ninalalálo	*lalálo*	Ärgerniss
ninángga	*nangga*	Erwartung, Hoffnung
ninā́oson	*naṓson*	Überdruss
ni — ni	(*ni — ni*)	weder — noch
njā́anjo		stumpf (ohne Schneide)
njā́bă		biegsam, schlapp, überhängend (Äste)
njáh(e)lalang		leicht von Gewicht
njā́jas	*njinájas*	müde
njā́mo		Mücke (Moskito)
njanjā́ting		lahm, gelähmt
njáting		faulenzen
njáuhan		schwank (Rohr)
njinā́fai		Schwäche

njinăjas	*njájas*	Müdigkeit
njinălang	*niălang*	Hunger
njŭdo	(*nudo*)	Knoten; *njŭdon-lasso*: Knoten im Strick
njŭlang	*jŭlang, majŭlang*	beschädigen
njŭnja		betrachten, zuschauen
nóne	(alt)	begrüssen
nónes		ein Paar (ungerade Zahl)
notísia	(*noticia*)	Mittheilung, Neuigkeit
nu = *na*		mit, mittels, dass; bis
nuébo	(*nuevo*)	neu
nŭhong, i níhong		Schatten des Sonnenlichts
număhelo	*lăla, humăla, linăla*	wieder aufleben, auferstehen
numánăsăgă	*săga*	zu Gast laden
numángo	*nángo*	tauchen

O.

oblígan-maisa	(*obligarse*)	sich verpflichten
ód'da, i éd'da		die Erde, Schmutz, Boden
od'dăe		beerdigen
ód'dot		Ameise
odéna	(*ordenar*)	verordnen
ofrése	(*ofrecer*) *inefrése*	anbieten
ógăān, i égăān		Morgen; *gi égaān*: Morgens von 6—8 Uhr
ógsō		Berg
óhas	(*hoja*)	Blatt
ókŭdŏ		Falle
ómla(t)	*umómla(t), ŭla(t)*	enthalten, fassen
on-		Conj.-Vorsilbe: du u. ihr; *hágo onlĭĕ*: du siehst; *hämio onlĭĕ*: ihr seht
ónră	(*honra*)	Ehre
óppe	*ineppe*	antworten
óra	(*hora*)	Stunde
oríja	(*orilla*)	Rand, Ufer; *i oríja*: um — herum
oríjan tăno		Horizont
oríjan tóse		Horizont
oríjan lángit		Horizont
órō	(*oro*)	Gold
ósge	*inésge, taiinésge*	gehorchen
ósgon		gehorsam, artig
óson	*inéson, ná'óson, niăóson*	überdrüssig, müde
o(t)den	(*orden*)	Befehl

P.

pádag-dåge	*dåge, dåkun* (Rota)	lügen
pā́dang		aufhalten, festhalten (einen Flüchtigen)
pådek		treten, einen Fusstritt geben
pā́gan		eine weisse Muschel
påga(t)	*famā́ga(t), pinaga(t)*	ermahnen
págdiō̄		Sturm
págnas		spalten, öffnen
pā́gŏ	*tchatpā́go*	jetzt, heute; *pā́go nahaāne*: heute im Laufe des Tages
pā́gohá		einmal; *pā́go gohá*: sofort
pā́go-kinahulo	*kahū́lo*	klein von Wuchs
pā́go — pā́go		bald — bald
pā́go-tautau		Neuankömmling, Einwanderer
pā́go-tchinā́lek	*tchā́lek*	frisch, jung (Blätter, Blüthen)
páh(e)ja		stammeln
paine	(*peine*)	Kamm
painen-basū́la	(*basura*)	Harke, Rechen
páinge	*puenge*	Nachts von 8—11 Uhr
pajésjes		Fledermaus
pā́ke	*mamáke, tautau mé-pake, umépake*	schiessen; Gewehr
palågon	(Rota)	Schnur, Angelschnur
pā́lai		anstreichen
palátcha		streitsüchtig
pā́lau		karolinisch; *tautau gi pā́lau*: Karoliner
palauan	*famaláuan*	Weib; weiblich
pā́lē	(*padre*)	Priester
pálma	(*palma*)	Handfläche
pā́lo	*mamā́lo*	ein Anderer
palon-lā́jak	(*palo*) *lā́jak*	Mastbaum
palū́ma	(*paloma*)	Taube
pā́na(g)	*umápana(g)*	prügeln mit einem Stock
pánglan		Meerkrebs (Hummer)
pángon		wecken
pániot		schlucken
pánjite	*umapánjite*	Faust
pantalā̄n		Landungsbrücke
pā̄pă		Flügel
påpă	*nalátpapa, nalatág-papa*	unten; *sanpåpă, gipåpă*
pā́pake	Plur. *mamā́pake*	Schütze
pā́pā́kes		Fingernägel, Klauen
papalŏ́te	(*papacote*)	Drachenspiel
papét	(*papel*)	Papier

para		1. für; *este para hágo*: das ist für dich; 2. damit; *para ontungo*: damit du es weisst; (*para tchāmo*: damit nicht; *para tchāmo famatitinas tālo*: damit du es nicht wieder thust)
păra háfă	(*para que*)	wozu? warum?
păra māno	*māno*	wohin?
parého	(*parejo*) *pumarého*	gleich, einig
păres	(*par*)	ein Paar (gerade Zahl)
pariente	Plur. *manparientes*	Verwandter
pasénsia	(*paciencia*)	Geduld
păt		oder
păt — păt		entweder — oder
pátcha		anfassen, anrühren
păte(t)	(*pared*)	Mauer
pátgon	*pinátgon*, *famagūon*	jung; Kind
patmădă	(*palmada*)	mit der Hand schlagen
păt'te	(*partir*)	theilen
pátte	(*parte*)	Stück; *un patten guālo*: ein Stück Land
páupau	*tchátpau*	gut riechen
pĕkă	*gái-peka*	Amt, Amtspflicht
pelígro	(*peligro*)	Gefahr
pénnga	*tchatpénnga*	schlechte Gewohnheit, Laster
pénta	(*pintar*)	zeichnen, schildern
pepíno	(*pepino*)	Gurke
pésă	(*pesar*)	wiegen
peskadō(t)	(*pescador*) *puméska*	Fischer
petáte		Schlafmatte
pé(t)las	(*perla*)	Perle
pe(t)míte	(*permitir*)	erlauben
pe(t)síge	(*perseguir*) *pinetsíge*	verfolgen
píau		Bambus
pié(t)na	(*pierna*)	Bein
píkŏ	(*pico*)	Schnabel
pinăga(t)	*păgat*, *famăgat*	Rath, Ermahnung
pinăjon	*pumăjon*	Gewohnheit
pinátgon	*pátgon*	Jugend, Kindheit
pinéble	(*pobre*) *póble*	Armuth
pinédung	*pōdung*	Fall
pinelo	*pōlo* (*poner*)	annehmen, voraussetzen; *pinelóko*: ich nehme an
pine(t)síge	*pe(t)síge* (*perseguir*)	Verfolgung
pinĭgan		Holzkohle
piníte	*púte*	Schreck
pintūra	(*pintura*)	Farbe

plūma	(*pluma*)	Schreibfeder
pṓble	(*pobre*) *pinéble*	arm
po(*d*)*lílo*	(*podrido*)	faul
pṓdung	*pinédung*	fallen
pó(*g*)*po*(*g*), *i pé*(*g*)-*po*(*g*)	*pumógpog*	Geschwür, Geschwulst
pógsai, *i pégsai*		Ruder
pógsai		rudern
pŏ́kă		zerbrechen (Glas)
pṓlŏ	(*poner*)	legen, setzen, bestimmen
pṓlon-njáihun		ausruhen, die Arbeit unterbrechen
ponetḗra	(*ponetera*)	Brüthenne
póngle	(*pon-le?*)	festnehmen, einsperren
popū́lo		Blatt zum Betelkauen
pot		1. aus; *pot minaā́se*: aus Mitleid; 2. durch; *pot este na medida*: durch dieses Mittel; 3. nach, gemäss; *pot este na otden*: nach dieser Veränderung; 4. wegen; *ti sinia natā́num pot i tchága*: man kann nicht pflanzen wegen der Ratten
pó(*t*)*bola*, *i pé*(*t*)*bola*	(*polvora*)	Schiesspulver
pó(*t*)*bos*	(*polvo*)	Staub
pot-énau	(*por eso*)	daher, also
pótgas, *i pétgas*	(*pulga*)	Floh
pótta, *i pétta*	(*puerta*)	Thür
pot-úttimo	(*por ultimo*)	endlich
prḗsio	(*precio*)	Preis
presī́so	(*preciso*)	fest, bestimmt
prinekū́ră	(*procurar*) *na'prinekúra*	Eifer (z. B. im Lernen)
prinemĕ́te	(*prometer*)	Anerbieten, Versprechen
pū!		pfui!
pū́dos, *i pī́dos*		Hinteren
puénge	*pupuenge*, *pupuenginge*, *tatálopuenge*	Nacht; *gi puenge*: Nachts von 8—11 Uhr
pū́gas, *i pī́gas*		Reis (roh, aber geschält)
pū́gua		Betelnuss
pū́lă		loslassen, befreien
pū́lan	*mamū́lan*	hüten, pflegen, sich kümmern
pū́lan, *i pī́lan*		Mond
pulā́ta(*t*)		Wasserhuhn
pū́lŏ, *i pī́lŏ*		Haar
pū́lon-mā́no(*k*)		Hühnerfeder

pumäjon	*pinájon*	sich gewöhnen
pumarého	(*parejo*)	gleichen; einträchtig
pumariéntes	(*parientes*)	Verwandte (Geschwister und Schwäger)
pumeska	(*pescar*)	fischen
pumó(g)pog	*pógpog*	anschwellen
pūnē		leugnen
pūnŏ	*mamūno*	tödten, schlachten, auslöschen (Licht)
pūno-máisague		sich selbst morden; kommt besonders unter den Karolinern wegen ganz geringfügiger Ursache oft vor
pūno pot traisión	(*por traicion*)	meuchlerisch morden
pupuénge	*puenge*	Nachmittags von 2—6 Uhr
pupuénginge		Abend von 6—8 Uhr
pūtă		spalten
pútĕ	*pinite*	Schmerz
putí'on		Stern

R.

rai	(*rey*) *rumái*	König
rājă	(*rayar*)	eine Linie ziehen
rāmas	(*rama*)	Zweig, Ast
redōma	(*redoma*)	Glasscherben
regâlo	(*regalar*)	schenken
réglă	(*regla*)	Lineal
rehūsă	(*rehusar*)	abschlagen, verweigern
rekóhĕ	(*recojer*)	sammeln
rekonóse	(*reconocer*)	erkennen
relós	(*reloj*)	Uhr
reséta	(*recetar*)	verordnen
resíbĕ	(*recibir*) *rinesíbe*	annehmen
respéta	(*respetar*)	achten
respetājon	(*respetado*)	angesehen
riégă	(*regar*)	bewässern
rífă	(*rifar*)	loosen
rinesíbe	(*recibo*)	Quittung
robentáson		Riff
ruédă	(*rueda*)	Rad
rumádikau	(*radicarse*)	sich ansiedeln
rūmai	*rai* (*rey*)	herrschen

S.

să		weil, wegen, also, sonst (andernfalls)
sābalo	(*sabado*)	Samstag

sabána	(*sabana*)	Savanne
sǻdge	(*sarga*, *salguera?*)	Fussboden
sádnŏho(t)		Unterschenkel
sádo(k)		Fluss
sắgă	*sumắga*, *gáfsăgă*	bleiben; halt!
sắgue	*umasagua?*	schützen
săháfa ná		weil
sáh(e)ján	(Rota)	Schiff, Schuner
sáh(e)jau		eilen; geschwind
sáina	*manjáina*	Vorfahr, Vater
sáita	(*saeta*)	Pfeil
sakáiguau	*sake* (*saquear*), *sinake*	rauben, plündern
sǻkan		Alter, Jahr; ***kuanto sakan-mo?*** (wörtl.: wieviel Jahre dein?) wie alt bist du? ***máes-sákan***: die erste (Haupt-) Ernte des Mais
sǻke, *sǻki*	*sakáiguan* (*saquear*), *sináke*; Plur. *manjáke*	stehlen; Dieb
salamánka	(*salamanca*) *sumalamánka*	Taschenspielerei
salǻpe		Geld
salǻpe ăpăkă	*ắpaka*	Silbergeld
salǻpe agắga	*agắga*	Kupfergeld
sắlĕ		Drossel
salígan		Hundertfüssler
salúda	(*saludar*)	grüssen
sắmai		hübsch, schön
săn-		Partikel bei Ortsbezeichnungen; *san hálum*, *san hïjung*, *san mena*, *san katan* u. s. w.
sángan	*sinángan*, *tisangắnon*	sagen
sangắne		einen Auftrag ausrichten
sanganjáihūn	*sinánganjaihun*	öffentlich bekanntmachen
sángĕ	*násange*, *nasắhange*, *sasánge*	absondern, trennen
sangníe	*sángan* (Rota)	rufen
sǻpit	*sinapit*, *ma'sapit*	bestrafen, leiden
säsä	*umásäsä*	Messer
sasánge	*sánge*, *nasánge*	selten, spärlich, abgesondert
sasáta		Wespe
säsō		oft
säso na biahe		oftmals
sátbe		säen (kleine Samen)

sáula(g)		durchprügeln mit einer Gerte oder einem Tau
sausåke		reinigen für Jemand, reinigen im Dienste von Jemand
sáusau		fegen, reinigen
sebḗsa	(*cerveza*)	Bier
sebṓjas	(*cebolla*)	Zwiebel
segun	(*segun*)	gemäss; unter; *i sindālo gaige segun tināgo i rai*: der Soldat steht unter dem Befehl dės Königs
sėlios	(*cejos*)	Augenbrauen
semāna	(*semana*)	Woche
sementḗjō	(*cementerio*)	Friedhof
sĕn	*sumén*	sehr
sétbe	(*servir*)	bedienen
si		Artikel vor Personenbezeichnungen: Nom. und Acc.
siénte	(*sentir*)	fühlen, leid thun
siento	(*ciento*)	hundert
sīge	(*seguir*)	folgen
sīgua		neun
sīgua nga mao(t)not		neunzig
sīgujai		der neunte
sihā		sie (3. Pers. Plur.)
sījă	(*silla*)	Stuhl
sīn	(*sin*)	ohne
sinåke	*sake*	Diebstahl
sinángan, sinangāne	*sángan*	Rede
sinanganjáihun	*sanganjáihun*	Bekanntmachung
sinåpit	*såpit*	Mühe, Plage, Strafe
sindālo	(*soldado*)	Soldat
sin embátko	(*sin embargo*)	trotzdem
sīniă	*na'sīnia*	können, dürfen; es ist möglich
siníngōn	*súngōn*	Geduld (im Leiden)
sinō	(*sino*)	sonst
sṓblă	(*sobrar*)	übrig bleiben
sōda	*umásoda*	entdecken, finden
só(g)ne		beschuldigen
sómnăk	*faniumnāgan*	Sonnenschein
sóngge	*sūnog*	verbrennen, anzünden
sóngsong, i singsong		Dorf; Flaschenstöpsel
sótta	(*soltar*)	loslassen, befreien
sūgon		entlassen
suhåje		vermeiden
sūmä		leck
sumāga		wohnen, bleiben

sumalamánkā	(*salamanka*)	linkisch, täppisch
sumen	*sén*	sehr; *suméntchago*: sehr weit
sumíbek	(Rota)	fischen
sumṓnia		klingen (unpersönl.)
sumospīros	(*suspirar*)	seufzen, schluchzen
sumū́of		untergehen (Sonne)
súmūsúsū	*súsu*	an der Mutterbrust trinken
súngon	*siníngon, manjúngon*	ertragen, aushalten (Schmerz), nicht nachlassen
sū́ni, i síni		Taro
sū́no(g)	*sóngge*	etwas verbrennen
suséde	(*suceder*) *na'suséde*	sich ereignen
súsū, i sísū	*súmusúsu*	weibliche Brust

T.

ta-		Conj.-Vorsilbe: (nur) wir; *híta talíe*: (nur) wir sehen
-ta		als Nachsilbe: (nur) unser; *tatā́ta*: unser (nicht euer) Vater
tā́bla	(*tabla*)	Brett
tā́dung		tief
táftaf		früher
tag-	*tágpapa* u. s. w.	zu viel, mehr
tagā́h(e)lō		laut; hochstehend
tā́gam		aufhalten (einen Flüchtling)
tágo	*tindágo*	befehlen, sagen lassen; Bote
tágpāpă	*pápă*	zu niedrig
tā́gui	*ma'tágui*	ablösen, Platz wechseln
táhela(g)		einwickeln, rollen
tā́ia	*tumáia*	nichts, nirgends, kein; *táia ta*: es ist nichts da
tā́ia — tā́ia		weder — noch
táianai	*nā́ja*	niemals
taiā́niau	*mā́aniau, taimā́aniau*	furchtlos, dreist
táibālĕ	(*valer*) *gáibālĕ, nataibale*	untauglich
táibísiŏ	(*vicio*)	tugendhaft, nüchtern
taige	*gaige*	abwesend, nicht vorhanden
taiguénan		so wie jener
táigue	*guine, guihe* (*tigaige guine*)	abwesend von hier
taiguíne, taiguíhe	*guíne, guihe*	so wie dieser
taiinángoko	*angóko*	Verzweiflung
taiinéage	*ósge*	Ungehorsam

táilaje, Plur. *mandílaje*	*guáilaje*, *tumáilaje*, *tináilaje*, *tiguailaje*, *na'táilaje*	schlecht
taimā́anian	*taiā́nian*, *mā́anian*	furchtlos
taimágăgo	*magágo*	unbekleidet, nackt
taimájuma		unberührt, keusch
taimamáhelan	*mamáhelan*	frech
taininangga	*nangga*	Verzweiflung
tairespĕto	(*respeto*)	unbescheiden, unartig
taitā́ho(*g*)		nackt
táitai		beten
taitáje		für das Seelenheil v. Jmd. beten
taitché'tcho'	*tchétcho*, *fatchótcho*	müssig
taitiningo	*túngo*	unwissend, unklug
tā́jo(*g*)		herausspringen
tájuju(*t*)	*tinájujut*	beten
tā́ka	*umátaka*	hauen mit dem Buschmesser; ergreifen
táke		Koth; *táke gá'ga'*: Mist; *táke guáka*: Kuhmist
táklaio		mürrisch, zu nichts aufgelegt
takontrā́ta	(*contrata*)	Vertrag schliessen
talā́dra	(*taladrar*)	bohren
talánga		Ohr
tā́lĭ		Tau, Strick
talíon	*tali*	fesselbar
tā́lŏ	*tumā́lo*, *tátalo*, *taloáne*, *tatalopuénge*	Mitte; wieder; zurück
taloā́ne	*haā́ne*	Mittag
talúje		vermehren
talúje jao dŏ́ble	(*doble*)	verdoppeln
támpe		mit einem Deckel bedecken
támtam		versuchen, kosten
tā́ne	*tinā́ne*	trösten
tánga		wünschen
tánga	*tinanga*	taub
tangā́jon		wünschenswerth
tánggano		Wurfspiel (s. S. 69 des deutschen Theils)
tā́ngis	*tumangis*, *gatumangis*	weinen, heulen (Hund)
tángkat		Käfig
tángse		trauern, laut klagen
tánme	*tā́no*, *tinā́num*, *tinanme*	pflanzen, stecken (grosse Samen)
tā́no	*ijon-tā́no*, *tinā́num*, *tinanme*	Erde, Grundstück, Insel

-tā́no		als Nachsilbe: heimisch; *tautautā́no*: Eingeborener; *guakantā́no*: Kuh von hier; bei Pflanzen: *ijon-tā́no na tinā́num*
tántcho		wählen
tā́num	*tā́no, tā́nme*	säen (grosse Samen), pflanzen
tā́pe		Trog
tā́se		Meer
tā́ta		Vater
tā́talo	*tā́te*	Rücken
tatā́lopuenge		Mitternacht von 11—2 Uhr
tatánga		sich sehnen
tā́tātĕ	*manātātĕ, tā́te, san táte*	Nachkomme
tā́tatse		giftig
tā́tautan		Rumpf des menschl. Körpers
tā́te, santā́te	*tináte, tāta, manátate, tumā́te*	hinten, rückwärts; folgen
tatī́je	*táte*	folgen, vertreiben
tā́to		drei (bei Personen)
tā́tse	*tā́tatse*	Gift; vergiften
tautau	*tinautau, tatautau*	Mensch, Mann
tchā́		Thee, Thee trinken; *guaho hutchá*: ich trinke Thee
tchā́dă	*maniā́da*	Ei
tchā́dek		eilen, laufen; eilig, geschwind
tchaflī́le(g)		drehen (Seil), rollen
tchā́gă		Ratte
tchā́ge	*tchináge*	versuchen, prüfen, beweisen
tchā́go	*tchinágo, tchumā́go*	fern, weit
tchā́guan		Pflanze, Strauch
tshā́h(e)lan		auffangen, erhalten, annehmen
tchā́lan		Weg
tchā́lek		lachen
tchā́lek hálum	*hálum*	lächeln
tchälo	Plur. *manjälo*	Geschwister
tchälo lahe		Bruder
tchälo palauan		Schwester
tchamo, tchamī́o	*tī jamo*	wolle (wollet) nicht, mit folgendem Part. Präs. (entspr. dem lateinischen *ne* oder *noli*)
tchanklétas	(*chancleta*)	Pantoffel (hier Schlappschuh aus Leder ohne Kappe u. Absatz)
tchatangóko	*angoko, taiinangoko*	Verzweiflung
tchatánma(k)		Nacht von 2—5 Uhr
tchā́tau	*tchinátau*	eine Bitte abschlagen
tchátcha(g)		Säge; sägen

tchắtchăgă		Oberschenkel
tchatchalā́ne		rathen, unterweisen in der Flechtkunst
tchatfanángoko	*tchat-fatínas-angóko*	misstrauen
tchátguaia	*guáia, tchinátguaia*	verächtlich, unangenehm
tchatguía		sterbend
tchatlí'ĕ	*tchinatlie, lí'e*	hassen
tchá(t)maipe	*maipe*	warm, lau
tchátmata	*mata*	kurzsichtig
tchatmā́tago		unpünktlich
tchatpā́go		hässlich
tchatpau	*páupau*	stinken
tchatpénnga	*pénnga, tchinátpennga*	lasterhaft
tcháutchau		schaumbedeckte Wellen; eine Flasche schwenken
tchéfla	(*chiflar*)	pfeifen (mit dem Mund)
tchē'tcho'	*fatcho'tcho', tcho'tcho, taitchétcho, mamaitchétcho*	Arbeitsgegenstand
tchē'tcho'-guā́lo		Feldarbeit
tché(t)not	*nafanjétnot,* Plur. *manjétnot*	Wunde
tche(t)nū́don		verwundet
tchíba		Ziege
tchigā́lo	(*cigarro*)	Zigarre
tchigando		Tabakspfeife
tchígo		küssen (Kuss der Liebe)
tchinā́ge	*tchā́ge*	Probe
tchinā́go	*tchā́go*	Ferne, Entfernung
tchinā́tan	*tchā́tan*	Ablehnung einer Bitte
tchinátguaia	*tchátguaia*	Verachtung, Unangenehmes
tchinatlí'ĕ	*tchatlie*	Hass
tchinatpennga	*tchatpennga*	Laster
tchinatúngo	*tchat-túngo*	Zweifel
tchinína		Hemd
tchíntche	(*chinche*)	Wanze
tchitchū́gŏ		Reiher
tchóda		unreife Banane
tchṓgue		thun, machen, arbeiten
tchokoláte		Schokolade, Schokolade trinken
tchṓmă	*tchā́mo? matchṓma*	verbieten, verhindern
tchóntchon, i tchíntchon		Nest
tchŏ'tchŏ'	*na'tchótcho, fatchotcho, tchumótcho*	essen
tchū́da		leeren

tchŭ̄gŭ-sŭ̄sŭ, i tchigu-susu	*súsu, sumúsusu*	Milch
tchū́le	*tchútchule*	wegnehmen
tchulḗguan	vgl. *sakai-guan*	plündern, rauben
tchū́le mǻge		herbeibringen
tchumā́go	*tchā́go*	sich entfernen
tchumótcho	*tchótcho*	sich nähren
tchumū́pa	*tchū́pa* (*chupar*?)	rauchen (Tabak)
tchū́ot		Schmerz erleiden
tchū́pă	*tchumū́pa*	rauchen (Tabak)
tchū́pon		blass
tchútchulē	*tchúle*	in der Hand halten
templā́o	(*templado*) *tinemplā́o*	mässig, langsam
tempora, gi sákan		Jahreszeit
tenā́sa	(*tenazas*)	Zange
téngguang	*kóstat-téngguang*	Brotkorb; Wegzehrung
tentågo	*tågo*	Hausjunge
testigúje	(*testigo*)	bezeugen
tĭ		nicht
ti ámam	*ámam*	binnen Kurzem
tiámko	*ámko*	Mannesalter von 26—50 Jahren
tidåkun	*dåkun, dinåkun*	wirklich! ungelogen!
tiémpo	(*tiempo*)	Zeit
tiénau há — tiguíe há	*énau, guihe*	nicht nur jener, sondern auch dieser
tiguáilăjĕ	*guailaje, tailaje*	unnütz
tiha — tihá	*-há*	nicht nur — sondern auch
tihḗras	(*tijeras*)	Scheere
tilípas	(*tripas*)	Eingeweide
timanā́gă	*titinā́ga*	unzureichend
timanángga	*nángga*	verzweifeln
timanángok	*angóko*	
timandåge	*dåge*	wirklich! ungelogen!
timanesesíta	(*necesitar*)	unnöthig
timanhongge	*hóngge, manhóngge*	ungläubig, gottlos
timā́pot	*mápot*	leicht, unschwer
timateklā́ră	(*claro*)	unbestimmt, unklar, confus
timón	(*timon*)	Steuerruder
tinā́go	*tågo*	Befehl
tinåhă	(*tinaja*)	Wasserkrug
tináilaje	*táilaje*	Schlechtigkeit, Laster
tinaitiníngo	*túngo*	Unwissenheit
tinájuju(t)	*tájujut*	Gebet
tinā́ne	*tā́ne*	Trost
tinánga	*tánga*	Taubheit
tinánme	*tánme, tā́no*	Ansteckung
tinā́num	*tánme, tā́no*	Nutzpflanze, Pflanzung

tinάte	*tάte* (Guam)	der zweite
tinaténia	*tάte* (Guam)	der dritte (*tinaten-ía* nach einem Compar.)
tinautau	*tautau*	Arbeiter
tinéktcha	*tóktcha*	Frucht. Die Ableitung von *tók-tcha* ist so zu verstehen, dass die Brotfrüchte mit einem Stock abgestossen werden.
tinemplão	(*templado*)	Mässigung
tinífo(g)	*tŭ́fo(g)*	Gewebe
tinífong	*tŭ́fong*	Rechnung, Rechenaufgabe
tiníge	*tŭ́ge*	Schreiben, Brief
tinígong	*tŭ́gong*	Angriff
tiníhŏ	*tŭ́hŏ*	Regen, der durch's Dach kommt
tiníhong	*tŭ́hong*	den Kopf bedecken
tinímō	*tŭ́mō*	Leder; abfärben
tinína	*tŭ́na*	Belobigung
tinínas	*tŭ́nas*	Richtigkeit, Gerechtigkeit, Rechtsprechung
tiningo	*tungo, tinaitiningo*	Kenntniss
tiníno	*tŭ́no*	Braten
tinitŭ́hon	*tutúhon*	Anfang; *gi-*: Anfangs
tipulă'on		unklar, verwirrt
tisangā́non	*sangā́ne*	nichts weitersagen!
títi(g)	*ma'titi(g)*	reissen, zerreissen
titinā́ga	*tinanā́gă*	unzulänglich, kurz
titufo(g)	*túfo(g)*	Weber
titufo(g) tuhong	*túfo(g)*	Hutmacher
tituge	*tuge*	Schreiber; Plur. *manitúge*
títumo	*túmo, tinímo, tumŭ́jon*	Gerber, Färber
tód'da		ein Haus schmücken
todo	(*todo*)	Alles; *todo na táutau*: alle Leute, Jedermann
todo, i lugat	(*lugar*)	überall
tṓgē	*tumṓge*	stehen
tógpong, i tégpong		Stiel
tógtcha	*tinéktcha*	stechen; Lanze; langer Stock
tógtog		umarmen
tṓjo		mit dem Fuss stampfen
tṓlă		ausspucken
tṓlai, i télai		Brücke
tṓlang, i télang		Knochen
tolompo	(*trompo*)	Kreisel
tṓmŏ, i témŏ		Knie
tṓro	(*toro*)	Stier
to(t)uge		anzünden

trabĭ́ă, ắhē trabrĭ́a	(*todavia*)	noch nicht
trā́edude	(*traidor*)	verrathen
triníste	(*triste*)	Traurigkeit
trireste	(*triste*)	sehr traurig
triste	(*triste*)	traurig
tronkon-hảio	(*tronco*) *hảio*	Baum
tū́bŏ, i tíbŏ		Rohr, Cylinder
tŭ́fo(g)	*tinifog*	weben, flechten (Matten)
túfong	*tinifong*	rechnen, zählen
tū́ge	*tinige*	schreiben
tugĭ́je	*tuge*	für oder im Auftrage von Jemand schreiben
tū́gong	*tinigong*	feindlich angreifen
tū́hŏ	*tiniho*	Tropfen der durch's Dach kommt
tū́hong, i tíhong	*tini'hong*	Hut
tū́jan, i tĭ́jan		Bauch
tuláika	*ma'tuláika*	tauschen, wechseln (Geld, Hemd)
tū́lo		drei (bei Sachen)
tū́lo nga mao(t)not		dreissig
tumáia	*taia*	1. (unpersönlich): es fehlt an; 2. entbehren; *taia hā́num*: es ist kein Wasser da
tumáilaje	*táilaje*	verdorben
tumā́lo	*tā́lo*	zurückstehen
tumángis	*tangis*	weinen, heulen (Hund)
tumā́te	*tā́te*	nachfolgen
tū́mo	*tinímo, títumo*	gerben, färben
tumṓge	*tóge*	stehen
tumŏ́to		auf dem Rücken liegen
tumū́jon	*túmo*	gerbfähig
tumū́no(g)	*túno(g)*	absteigen
tumū́tŏ		Reis stampfen zur Entfernung der Schale
tumútuno(g)	*tumúno(g), túno(g)*	fliessen
tū́na	*tū́nas, tinī́na*	loben, billigen
tū́nan-máisa	*maisa*	prahlen
tū́nas	*na'tū́nas*	gerade, richtig, gerecht
tūnas-hū́lo		senkrecht stehend
tū́nas-păpă		senkrecht hängend
túngo	*tiníngo, tinaitiníngo, taitiníngo, na'ma-túngo, na'túngo, tchinatúngo*	wissen, können, begreifen
tū́nŏ	*tinī́no*	braten
tū́no(g)	*tumū́no(g), tumútu-no(g), na'tū́nog, ma'túnog*	herabkommen; *tū́no(g) gi karéta*: vom Wagen absteigen

túvŏ, i típŏ	} vgl. *túbŏ, i tíbŏ*	Brunnen
túpŏ, i típŏ	} (*tubo*)	Zuckerrohr
túrgujai	*tulo*	der dritte
tutúhon	*tinitúhon*	anfangen
tutúpe		mit Blättern bedecken (nämlich die gebackenen Brotfrüchte)

U.

u-		Conj.-Vorsilbe: er; *guiá ulie*: er sieht
uáajau	*ájau, umájau*	wegborgen, verleihen
údŏ	*inído*	stumm, taub
úgă		sparen
úhă		Conj.-Vorsilbe: sie (Plur.); *siha úhălie*: sie sehen
úhē		jener (uns Beiden fern)
úhŏ		nehmen, aufbewahren; *úho!* da! nimm!
úkŏ		vor sich hin singen
úla(t)	*ómlat, umómlat*	sich wo befinden; *uhaúlat gi gima*: sie sind im Hause
úlen		das zum Steuern benutzte Ruder
úlŏ, i ílŏ		Wurm
úlŏ-abábang		Raupe
úlō, i ílō	*malīnekúlo*	Kopf
úmă		aufladen, beladen
umaáson		sich hinlegen, auf der Seite liegen
umábo(k)	*ábo(k), gaiábo(k)*	sich gern haben (Freundesliebe)
umagoflie	*goflie*	sich lieben
umáguaguat	*águaguat*	Wortstreit; zanken, streiten
umáhē	*ahe*	verneinen
umaiai	*ai!*	sich beklagen
umájă		einig; Einigkeit
umájan	*ájan, náajan*	Jemand anborgen
umajúna(t)	(*ayunar*)	fasten
umakaldje		hängen (sich schwebend halten)
umalī'ĕ tálo	*lie-tálo*	sich wiedersehen; *hasta que umaliehit talo!* auf Wiedersehen!
umamígo	(*amigo*)	sich versöhnen
umanjángun		flüstern
umápanak	*pana(g)*	mit Stöcken streiten
umapánjite	*panjite*	mit Fäusten streiten
umásagua	} *ságue? oságua, manaásagua*	Heirath; heirathen
umaságua	}	Ehe; verheirathet
umásäsa		mit Messern streiten

umdso	*dso*	rauchen (Feuer)
umā́so		schief, schräg
umásoda	*sṓda*	begegnen, sich treffen
umátaka		mit den Buschmessern streiten
umátchagai		ehelich beischlafen
umatcháiguă	*hatcháigua*	gleichen
umátlĭbes	(*al reves?*)	verkehrt; kentern
umáto(g)	*naā́to(g)*	fliehen und sich verbergen
umḗfresko	(*fresco*)	sich erkälten
umḗja(k)	*ḗja(k)*	lernen
umĕkahat	*ĕkahat*	mässig
umenkrū́s	(*cruz*). *kulúos*	quer
umḗpake	*páke, mamake*	schiessen, jagen; *tautau mḗpake*: Schütze, Jäger
umísan	*ísan*	sündigen
umómlat	*ómlat, ū́lat*	enthalten, fassen; *i botḗja omlat un litro*: die Flasche fasst 1 Liter
umóŏ		krähen
umṓtatnon		spazieren gehen
umótro	(*otro*)	sich verändern
umū́gong		sich beklagen
ūmúnŭmū		brummen, grunzen
umū́tchan	*utchan*	regnen
ū́nai, i ínai	*miū́nai*	Sand
ū́nojan ótro	(*uno y otro*)	einander
usā́o	(*usado*)	gebraucht; *magágo usāo*: schmutzige Wäsche
usū́ne	*manusū́ne, inisū́ne*	Schmerz ausstehen
ū́tchan, i ítchan	*umútchan, fanutchā́nan*	Regen
ū́to(t)		abschneiden, fällen
uttimo	(*ultimo*)	der Letzte

Berlin, gedruckt in der Reichsdruckerei.

FSC
www.fsc.org
MIX
Papier | Fördert
gute Waldnutzung
FSC® C083411

Kolibri 360 GmbH
Ferdinand-Jühlke-Straße 7
99095 Erfurt, Deutschland
produktsicherheit@kolibri360.de